中等职业学校"十三五"系列规划教材

QIANGONG
JINENG SHIXUN

钳工技能实训

主　编　葛绍建　吴奎奎　车国柱
副主编　侯思浩　方理想　田春会

合肥工业大学出版社

图书在版编目(CIP)数据

钳工技能实训/葛绍建,吴奎奎,车国柱主编 . —合肥:合肥工业大学出版社,
2018.6

ISBN 978 - 7 - 5650 - 4043 - 6

Ⅰ.①钳… Ⅱ.①葛…②吴…③车… Ⅲ.①钳工—技术培训—教材 Ⅳ.①TG9

中国版本图书馆 CIP 数据核字(2018)第 131124 号

钳工技能实训

葛绍建　吴奎奎　车国柱　主编

责任编辑	张择瑞	
出版发行	合肥工业大学出版社	
地　址	(230009)合肥市屯溪路 193 号	
网　址	press. hfut. edu. cn	
电　话	理工图书出版中心：0551 - 62903204	
	营销与储运管理中心：0551 - 62903198	
开　本	710 毫米×1010 毫米　1/16	
印　张	8.25	
字　数	109 千字	
版　次	2018 年 6 月第 1 版	
印　次	2018 年 8 月第 1 次印刷	
印　刷	安徽联众印刷有限公司	
书　号	ISBN 978 - 7 - 5650 - 4043 - 6	
定　价	22.00 元	

如果有影响阅读的印装质量问题,请与出版社营销与储运管理中心联系调换。

编写委员会

前　　言

　　本教材是按照中等职业技术院校的培养目标和教学基本要求，为满足中职学校培养"技能型紧缺人才"的需求而编写的。本书可作为各类职业技术学校汽车类、机械类或近机械类专业的钳工实训教材，也可供有关工程技术人员和技术工人等学习选用或参考。全书包括了钳工概述、量具使用、划线、锯削、锉削、钻孔及铰孔、攻螺纹与套螺纹的基本知识和基本操作方法及实例。

　　本教材的编写原则如下：

　　(1)教材中使用的术语、名词、标准等均贯彻了最新国家标准。

　　(2)教材中实例很多，供学生练习时使用。

　　(3)在编写中尽可能做到对内容叙述简练，图文结合，深入浅出。

　　在本书编写过程中参考了大量有关学校和专家的文献和资料，在此一并表示衷心的感谢。由于编者水平有限，书中难免有缺点错误，恳请读者和同仁批评指正。

编　者

2018 年 6 月于安徽亳州新能源学校

目　　录

项目一:安全教育

一、教学要求

1. 了解钳工工作场地。
2. 了解钳工常用设备的操作、保养。
3. 熟悉钳工实习场地的规章制度及安全文明生产要求。

二、钳工入门知识

1. 钳工工作场地的合理布置

(1)合理布局主要设备:钳工工作台应放在光线适宜、工作方便的地方。面对面使用钳工工作台时,应在两个工作台中间安置安全网。砂轮机、钻床应设置在场地的边缘,尤其是砂轮机一定要安装在安全、可靠的位置。

(2)正确摆放毛坯、工件:毛坯和工件要分别摆放整齐,并尽量放在工件搁架上,以免磕碰。

(3)合理摆放工具、夹具和量具:常用工具、夹具和量具应放在工作位置附近,取用方便,不应任意堆放,以免损害。工具、夹具、量具用后应及时清理、维护和保养,并妥善放置。

(4)工作场地应保持清洁:训练后应按要求对设备进行清理、润滑,并把工作场地打扫干净。

2. 安全文明生产

(1)安全文明生产一般要求

① 工作前按要求穿戴好防护用品。

② 不准擅自使用不熟悉的机床、工具和量具。

③ 右手取用的工具放在右边,左手取用的工具放在左边,严禁乱放乱堆。

④ 毛坯、半成品应按规定堆放整齐,并随时清除油污、异物等。

⑥ 清除切屑要用刷子,不要直接用手清除或用嘴吹。

⑦ 使用电动工具时,要有绝缘防护和安全接地措施。

(2)钳工工作台安全要求

① 操作者站在钳工工作台的一面工作时,对面不允许有人。如果对面有人必须设置密度适当的安全网。钳工台必须安装牢固,不允许被用作铁砧。

② 钳工台上使用的照明电压不得超过 36V。

③ 钳工台上的杂物要及时清理,工具、量具和刃具分开放置,以免混放损坏。

(3)台虎钳使用的安全要求

① 夹紧工件时要松紧适当,只能用手扳动手柄,不得借助其他工具加力。

② 强力作业时,应尽量使力朝向固定钳身。

③ 不许在活动钳身和光滑平面上敲击作业。

④ 丝杠、螺母等活动表面应经常清洗、润滑,以防生锈。

⑤ 钳工台装上台虎钳后,钳口高度应恰好齐人的手肘为宜。

(4)钻床使用的安全要求

① 工作前,对所有钻床和工具、夹具、量具要进行全面检查,确认无

误后方可操作。

② 工件装夹必须牢固可靠,工作中严禁戴手套。

③ 手动进给时,一般按照逐渐增压和逐渐减压的原则进行,用力不可过猛,以免造成事故。

④ 钻头上绕有长铁屑时,要停下钻床,然后用刷子或铁钩将铁屑清除。

⑤ 不准在旋转的刀具下翻转、夹压或测量工件,手不准触摸旋转的刀具。

⑥ 摇臂钻的横臂回转范围内不准有障碍物,工作前横臂必须夹紧。

⑦ 横臂和工作台上不准存放物件。

⑧ 工作结束后,将横臂降到最低位置,主轴箱靠近立柱,并且要夹紧。

(5)砂轮机使用的安全要求

① 砂轮机启动后应运转平稳,若跳动明显应及时停止修整。

② 砂轮机旋转方向要正确,磨屑只能向下飞离砂轮。

③ 砂轮机托架和砂轮之间应保持在 3mm 以内,以防工件扎入造成事故。

④ 操作者应站在砂轮机侧面,磨削时不能用力过大。

3. 钳工常用设备的操作

(1)台虎钳操作与保养练习

通过对台虎钳进行拆装,在实践中了解台虎钳的结构,熟悉各个手柄的作用,对工件进行夹紧、松开及回转的转动、固定等基本动作练习,以及进行台虎钳的日常保养练习。

(2)砂轮机操作与磨削练习

了解砂轮机的结构,调整托架,使其与砂轮的距离不大于 3mm,然后进行磨削练习,并进行更换砂轮和砂轮机日常保养的练习。

(3)台式钻床操作练习

① 了解台式钻床的结构,熟悉各个手柄的作用,并进行润滑练习。

② 主轴由低速到高速逐级进行变速练习。

③ 练习手动进给,逐步掌握匀速进给。

④ 工作台升、降及固定练习。

4. 考核:经考试合格后方可进入车间实习。

项目二:锉削姿势

一、实训目标及要求

1. 初步掌握平面锉削时的站立姿势和动作。

2. 懂得锉削时两手用力的方法。

3. 能掌握正确的锉削速度。

4. 懂得锉刀的保养和锉削时的安全知识。

二、相关的工艺知识

1. 锉刀柄的装拆方法:一般采用撞击法、锤击法两种,如图 2-1、图 2-2 所示。

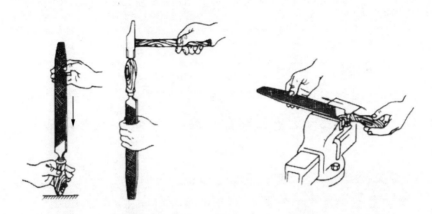

图 2-1　装锉刀柄的方法　　　　图 2-2　拆锉刀柄的方法

2. 平面锉削的姿势:锉削姿势是否正确对锉削质量、锉削力的运用和发挥以及操作者的疲劳程度都起着决定影响。

(1)锉刀握法:右手紧握锉刀柄,柄端抵在拇指根部的手掌上,大拇指放在锉刀柄上部,其余手指由下而上地握着锉刀柄;左手的基本握法是将拇指根部的肌肉压在锉刀头上,拇指自然伸直,其余四指弯向手心,用中指、无名指捏住锉刀前端。

(2)姿势动作:两手握住锉刀放在工件上面,左臂弯曲,小臂与工件锉削面的左右方向保持基本平行,右小臂要与工件锉削面的前后方向保持基本平行,但要自然。锉削时,身体先于锉刀并与之一起向前,右脚伸直并稍向前倾,重心在左脚,左膝部呈弯曲状态。当锉刀锉至约 3/4 行程时,身体停止前进,两臂则继续将锉刀向前锉到头,同时,左脚自然伸直并随着锉削时的反作用力,将身体重心后移,使身体恢复原位,并顺势将锉刀收回。当锉刀收回将近结束,身体又开始先于锉刀前倾,作第二次锉削的向前运动。

3. 两手的用力和锉削速度

(1)要锉出平直平面,必须使锉刀保持直线运动。锉削时右手的压力要随锉刀推动而逐渐增加,左手的压力要随锉刀推动而逐渐减小,回程不加压,以减小锉齿的磨损。

(2)锉削速度:一般应在 40 次/分左右,推出时稍慢,回程稍快,动作自然协调。

4. 平面的锉法

(1)顺向锉:锉刀运动方向与工件夹持方向一致。锉宽平面时,锉刀应在横向作适当的移动。锉纹整齐一致,比较美观,这是最基本的一种锉削方法。

(2)交叉锉:锉刀运动方向与工件夹持方向约成 30°～40°角,且锉纹交叉。锉刀易掌握平稳,交叉锉一般适用于粗锉。

5. 锉刀的保养

(1)新锉刀要先用一面,用钝后再用另一面。

(2)粗锉时,要充分使用锉刀的有效全长,可提高效率,避免锉齿磨损。

(3)锉刀不可沾油或沾水。

(4)锉屑嵌入齿缝内要及时清理。

(5)不可锉毛坯件的硬皮及经过淬硬的工件。

(6)锉刀用后必须刷净。

6. 文明生产和安全生产知识

(1)锉刀是右手工具,应放在台钳右边,锉刀柄不可露在钳桌外,以免掉落砸伤脚或损坏锉刀。

(2)没有柄的锉刀、锉刀柄已裂开或没有锉刀柄箍的锉刀不可用。

(3)不能用嘴吹锉屑,也不可用手擦摸锉屑表面。

(4)锉刀不可作撬棒或手锤用。

项目三：刀口尺、90°角尺和塞尺

一、刀口尺

1. 用途：主要用刀口尺来测量已加工工件的平面度和直线度。

2. 使用方法：测量工件时，刀口尺应垂直放在工件表面，并在加工面的纵向、横向、对角方向多处逐一进行，以确定各方向的直线度误差。如果刀口尺与工件平面间透光微弱且均匀，说明该方向是直的；如果透光强弱不一，说明该方向是不直的。

3. 注意事项：刀口尺在被检查平面上改变位置时，不能在平面上拖动，应提起后再轻放到另一检查位置，否则直尺的测量棱边容易磨损而降低其精度。

二、90°角尺

1. 用途：主要用90°角尺测量已加工工件表面的垂直度。

2. 使用方法：先将角尺尺座的测量面紧贴工件基准面，然后从上逐步向下移动，使角尺尺瞄的测量面与工件的被测表面接触，眼光平视观察透光情况，以此来判断工件被测面与基准面是否垂直。检查时，角尺不可斜放，否则检查结果不正确。

3. 注意事项：

(1)用90°角尺检查工件的垂直度前，应先用锉刀将工件的锐边倒钝。

（2）在同一平面上改变不同的检查位置时，角尺不可在工件表面上拖动，以免磨损影响角尺本身精度。

三、塞尺

1. 结构与形状：塞尺用来检验两个贴合面之间间隙大小的片状定值量具。它有两个平行的测量面，每个塞尺由若干个片组成。

2. 用途：检查平面度、垂直度和配合间隙。

3. 使用方法：检测时，工件放在精密平板上，并用左手扶住，用右手持塞尺，选好尺寸，插入工件与被侧面的间隙处。当一片或数片能塞进两贴合面之间时，则一片或数片的厚度（可由每片上的标记值读出），即为两贴合面的间隙。

4. 注意事项：

（1）塞尺可单片使用，也可多片叠起来使用，但在满足所需尺寸的前提下，片数越少越好。

（2）塞尺易弯曲和折断，测量时不能用力太大，也不能测量温度较高的工件，用完要擦拭干净，及时合到夹板中。

（3）当尺片自由端前部超差时，允许剪去超差部分继续使用。

四、课堂训练

结合相关工件进行检测练习，从而掌握刀口尺、90°角尺和塞尺的使用。

项目四:锉平面

一、实训目标和要求

1. 巩固和完善正确的锉削姿势。

2. 懂得平面锉平的方法要领,并初步掌握平面锉削的技能。

3. 掌握用刀口尺(或钢直尺)检查平面度的方法。

二、相关的工艺知识

1. 锉平平面的练习要领

必须通过反复的、多样的练习才能达到要求,掌握好正确的姿势和动作。做到锉削力的正确和熟练运用,使锉削时保持锉刀的直线平衡运动。因此,在操作时注意力要集中,练习过程中要用心研究。

了解几种锉不平的具体原因:

(1)平面中凸

① 锉削时双手的用力不能使锉刀保持平衡。

② 锉刀在开始推出时,右手压力太大,锉刀被压下,锉刀推到前面,左手压力太大,锉刀被压下,形成前、后多锉。

③ 锉削姿势不正确。

④ 锉刀本身中凹。

(2)对角扭曲或塌角

① 左手或右手加压时重心偏在锉刀一侧。

② 工件未夹正确。

③ 锉刀本身扭曲。

(3)平面横向中凹或中凸:锉刀在锉削时左右移动不均匀。

2. 检查平面度的方法

(1)刀口尺透光检查:刀口尺应垂直放在工件表面,应横向、纵向、对角方向多处逐一检查。如刀口尺与工件平面间透光强弱不一,说明该方向是不直的;如透光微弱而均匀,说明方向是直的。

(2)塞尺检查:主要检查两个结合面间的片状量规。可用一片或数片重叠在一起塞入检查。

项目五:锯削

一、教学要求

1. 能对各种材料进行正确的锯削,操作姿势正确,并能达到一定的锯削精度。

2. 能根据不同材料正确选用锯条,并正确装夹。

3. 熟悉锯条折断的原因和防止方法,了解锯缝产生歪斜的几种原因。

4. 做到安全和文明操作。

二、课前准备

锯弓、锯条、毛坯料。

三、相关工艺知识

用手锯对材料或工件进行切断或切槽的操作叫锯削。

1. 手锯构造

手锯由锯弓和锯条构成。锯弓是用来安装锯条的,它有可调式和固定式两面三刀种。固定式锯弓只能安装一种长度的锯条;可调式锯弓通过调整可以安装几种长度的锯条,并且可调式锯弓的锯柄形状便于用力,所以目前被广泛应用。

2. 锯条的正确选择

根据锯齿牙锯的大小,有细齿、中齿、粗齿之分。

粗齿锯条:锯软材料和较厚的材料。

细齿锯条:锯硬材料和薄材料。

3. 手锯的握法和锯削姿势、压力及速度

(1)握法:右手满握锯柄,左手轻扶在锯弓前端。

(2)姿势:与锉削基本相似,摆动要自然。

(3)压力:锯削时压力和推力由右手控制,左手配合右手扶正锯弓,压力不要过大。推出为切削行程,回程不切削。

(4)运动和速度:采用小幅度的上下摆动式运动,手锯推动时身体略向前,左手上翘,右手下压,回程右手上抬,左手跟回。速度一般为40 次/分左右,硬材料慢些,软材料快些。

4. 锯削操作方法

(1)工件的夹持:应夹在台钳的左侧,离开钳口 20mm 左右,锯缝要与地面保持垂直,夹紧要牢固。

(2)锯条的安装:锯齿要朝前,松紧适当。如太紧锯条受力太大会折断,太松锯条易扭曲,易断,锯缝易歪斜。

(3)起锯方法:一种是远起锯,另一种是近起锯。左拇指靠近锯条,使锯条能正确锯在所需的位置上,行程要短,压力要小,速度要慢。起锯角 θ 在 15°左右。起锯角太大锯不易平稳,锯齿易崩裂,起锯角太小不易切入材料。一般采用远起锯,这样锯齿不易卡住,起锯较方便。正常锯削时锯条的全部有效齿在每次行程中都参加切削。

5. 锯条折断原因

(1)工件未夹紧,锯削时有松动。

(2)锯条装得过松或过紧。

(3)锯削压力过大或锯削方向突然偏离锯缝方向。

(4)强行纠正歪斜锯缝。

(5)因锯条中间磨损而被卡住引起折断。

(6)中途停止使用时,手锯未从工件中取出而折断。

6. 锯齿崩断的原因

(1)锯条选择不当。

(2)起锯角太大。

(3)锯削运动摆动过大及锯齿有过猛的撞击。

7. 锯缝产生歪斜的原因

(1)工件安装时,锯缝线未与地面垂直。

(2)锯条安装太松或相对锯弓平面扭曲。

(3)锯齿两面磨损不均。

(4)锯削压力过大使锯条左右偏摆。

(5)锯弓未扶正或用力歪斜,偏离锯缝中心。

8. 安全知识

(1)锯条松紧适当,锯削时不要突然用力过猛,防止锯条折断后从锯弓中崩出伤人。

(2)工件将要锯断时,压力要小,避免压力过大使工件突然断开,手向前冲造成事故。一般工件将断时要用左手扶住工件断开部分,避免掉下砸伤脚。

项目六:划线基础

一、实训目标及要求

1. 明确划线的目的。

2. 正确使用平面划线工具。

3. 掌握一般的划线方法和正确地在线条上大样冲眼。

4. 划线操作应达到线条清晰、粗细均匀,尺寸误差不大于 ± 0.03mm。

二、相关的工艺知识

1. 划线的定义

在毛坯或工件上,用划线工具划出待加工部位的轮廓线或作为基准的点和线。

2. 线的作用

(1)定工件上各加工面的加工位置和加工余量。

(2)可全面检查毛坯的形状和尺寸是否符合图样,是否满足加工要求。

(3)当在坯料上出现某些缺陷的情况下,往往可通过划线时的"借料"方法,来达到一定补救。

(4)在板料上按划线下料,可做到正确排料,合理使用材料。

3. 划线的单位

为了方便,图样上无特殊说明的以毫米为单位,但不标注单位符号。

4. 划线常用的工具及使用方法

(1)钢直尺:是一种简单的尺寸量具。主要用来量取尺寸,测量工件,也可以作划线时的导向工具。

(2)划线平台:(又称划线平板)由铸铁制成,表面经过精刨或刮削加工。一般用木架搁置,平台处于水平状态。

注意要点:平台表面应保持清洁,工件和工具要轻拿轻放,不可损伤其工作面,用后要擦拭干净,并涂上机油防锈。

(3)划针:用来在工件上划线条,由弹簧钢丝或高速钢制成,直径一般为 $\phi3\sim5mm$,尖端磨成 $15°\sim20°$ 的尖角。有的在尖端焊有硬质合金,耐磨性更好。

注意要点:划线时针尖要紧靠导向工具的边缘,上部向外侧倾斜 $15°\sim20°$ 向划线移动方向倾斜约 $45°\sim75°$;针尖要保持尖锐,划线要尽量一次划成,使划出的线条既清晰又准确;不用时,划针不能插在衣袋中,最好套上塑料管不使针尖外露。

(4)划线盘:用来在划线平台上对工件进行划线或找正工件在平台上的正确位置放置。划针的直头端用来划线,弯头端用于对工件安放位置的找正。

注意要点:划线时应尽量使划针处于水平位置,不要倾斜太大,划针伸出部分要尽量短,并夹持牢固,以免振动和变动。划较长直线时,应采用分段连接法,以便对首尾校对检查。划线盘用后应使划针处于水平状态,保证安全和减少所占的空间。

(5)游标高标尺:附有划针脚,能直接表示高度尺寸,其读数精度一般为 0.02mm,并可以作为精密划线工具。

(6)划规:用来划圆和圆弧等分线段、等分角度以及量取尺寸等。

注意要点:划规两脚的长短要稍有不同,合拢时脚尖能靠紧,才可划出小圆弧。脚尖应保持尖锐,才能划出清晰线条;划圆时作为旋转中心的一脚应加以较大的压力,另一脚以较轻的压力在工件表面上划出圆或圆弧,以免中心滑动。

(7)样冲:用于在工件所划加工线条上打样冲眼(冲点),作加强界限标志和作划圆弧或钻孔时的定位中心。一般用工具钢制成,尖端处淬硬,其顶尖角度在用于加强界限标记时约为 40°,用于钻孔定中心时约取 60°。

① 冲点方法:先将样冲外倾使尖端对准线的中心,然后再将样冲立直冲点。

② 冲点要求:位置要准确,不可偏离线条;曲线上冲点距离要小;在线条的交叉转折处必须冲点;冲点深浅要掌握适当,在薄壁上或光滑表面上冲点要浅,粗糙表面要深。

(8)90°角尺:在划线时常用作划平行线或垂直线的导向工具,也可用来找正工件平面在平台上的垂直位置。

(9)万能角度尺:常用作划脚度线。

5. 划线的涂料

为了使线条清楚,一般要在工件划线部位涂上一层薄而均匀的涂料。表面粗糙的铸锻件毛坯上用石灰水(常在其中加入适量的牛皮胶来增加附着力);已加工的表面要用酒精色溶液(在酒精中加漆片和紫蓝颜料配成)和硫酸铜溶液。

6. 平面划线时基准线的确定

(1)平面划线时的基准形式

① 以两个互相垂直的平面(或直线)为基准。

② 以两条互相垂直的中心线为基准。

③ 以一个平面和一条中心线为基准。

注：平面划线一般选择两个划线基准。

（2）基准线的确定：划线基准应与设计基准一致，并且划线时必须从基准线开始，也就是说先确定好基准线的位置，然后再划其他形面的位置线及形状线。

三、生产实习图

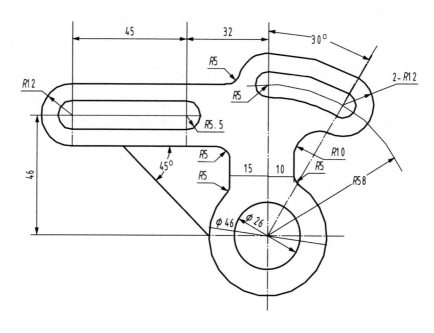

图 6-1

1. 实习的具体步骤

步骤一：准备好所用的划线工具，并对实习件进行清理和划线表面涂色。

步骤二：熟悉各图形划法，并按各图应采取的划线基准及最大轮廓尺寸安排各图基准线在实习件上的合理位置。

步骤三：按图示依次完成划线（图中不注尺寸，作图线可保留）。

步骤四：对图形、尺寸复检校对，确认无误后，在图中的 $\phi26mm$ 孔、尺寸 45mm 的长腰孔及 30°的弧形腰孔的线条上,敲上检验样冲眼。

2. 注意事项

(1)为熟悉各图形的作图方法,实习操作前可作一次纸上练习。

(2)划线工具的使用方法及划线动作必须掌握正确。

(3)重点是如何才能保证划线尺寸的准确性、划出线条细而清楚及中点的准确性。

(4)工具要合理放置。要把左手用的工具放在作业件的左边,右手用的工具放在作业件的右面,并要整齐、稳妥。

(5)任何工件在划线后,都必须作一次仔细的复检校对工作,避免差错。

项目七:锯缝练习

一、工件名称:锯缝练习

二、生产实习图

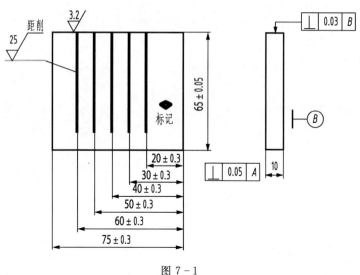

图 7－1

三、实训目标及要求

掌握正确的锯削姿势,并能达到一定的锯削精度。

四、课前准备

(1)设备:台虎钳、平台。

(2)工量具:千分尺(50~75mm)、90°角尺手锯、高度尺、钢板尺。

五、新课指导

1. 分析工件图、讲解相关工艺

(1)公差等级:IT14。

(2)形位公差:垂直度 0.05mm,各面垂直大平面 0.03mm。

(3)时间额定:120min。

2. 具体操作步骤

步骤一:检查来料的外形尺寸。

步骤二:加工长方体:

(1)加工基准面 A,即①面,保证平面度 0.03mm,与大平面的垂直度 0.03mm。

(2)加工②面,保证与①面垂直度是 0.05mm,平面度 0.03mm,与大平面的垂直度 0.03mm。

(3)加工③面,保证尺寸 65 ± 0.05mm,平面度 0.03mm。

(4)加工④面,保证尺寸 75 ± 0.05mm,平面度 0.03mm。

步骤三:划出锯割尺寸线:20 ± 0.3mm,30 ± 0.3mm,40 ± 0.3mm,50 ± 0.3mm,60 ± 0.3mm。

步骤四:锯削各锯缝。

步骤五:清理毛刺,检查外形,打标记。

步骤六:交件。

3. 注意事项

(1)工件应两面划线。

(2)注意工件和锯条安装是否正确,并要注意其锯方法和起锯度的正确与否。

(3)随时注意锯缝的平直,及时借正。

(4)锯削完毕,应将锯弓上张紧的螺母适当放松,但不要拆下锯条,防止锯弓的零件失散,并将其妥善放好。

项目八:游标卡尺

一、教学要求

1. 掌握游标卡尺的使用方法。

2. 使用游标卡尺的注意事项。

3. 课前准备游标卡尺。

4. 测量外形尺寸的零件及测量槽宽和孔径尺寸的工件。

二、相关的工艺知识

1. 游标卡尺的用途:游标卡尺是一种中等精度的量具。可测量工件的内径、外径、长度、宽度、深度等。

2. 游标卡尺的结构:主要由尺身、游标、内量爪、外量爪、深度尺、锁紧螺钉等。

3. 游标卡尺的精度:0.05mm,0.02mm(常用)。

4. 游标卡尺的读数方法:以游标零线为基准进行读数。

(1)读整数:在尺身上读出位于游标零线左边最接近的数值(mm)。

(2)读小数:用游标上与尺线对齐的刻线格数,乘以游标卡尺的测量精度值,读出小数部分。

(3)求和:将两项读数值相加,即为被测尺寸。

5. 游标卡尺的操作步骤

步骤一:测量外形尺寸

(1)测量外形尺寸小的工件时,左手拿工件,右手握尺,量爪张开尺寸略大于被测工件尺寸。

(2)右手拇指慢慢推动游标,使工件轻轻地与被测零件表面接触,读出尺寸数值。

(3)测量外形尺寸大的工件时,将工件放在平板或工作台面上,两手操作卡尺,左手握住尺身,右手握住尺身并推动辅助游标靠近被测零件表面(尺身与被测零件表面垂直)。旋紧紧固螺钉,右手拇指转动微动螺母,使两量爪与被测零件表面接触,读出数值。

步骤二:测量槽宽和孔径

(1)测量槽宽和孔径小的工件使量爪张开应略小于被测工件尺寸,然后用右手拇指慢慢拉动游标,使两量爪轻轻地与被测表面接触,读出尺寸。测量孔时,量爪应处于孔的中心部位。

(2)测量槽宽和孔径尺寸较大的工件时将工件放在平台或工作台面上,双手操作卡尺的下量爪测量,测量后的读数应加上上量爪 10mm 的宽度尺寸。测量时,注意尺体应垂直于被测表面,用右手拉动游标,接近工件被测表面,旋紧紧固螺钉,右手拇指转动微动螺母,使量爪和被测表面接触,轻轻摆动一下尺体(前后方向),使量爪处于槽的宽度和孔的直径部位,读出数值。

(3)测量深度:测量孔深和槽深时,尺体应垂直于被测部位,不可前后、左右倾斜,尺体端部靠在基准面上,用手拉动游标,带动深度尺测出尺寸。

6. 注意事项

测尺寸时,应避免尺体歪斜,以影响测量数值的准确度;不允许把尺寸固定后进行测量,以免损坏量爪。测量孔径时还应注意量爪在孔径直径上的位置是否正确。

项目九：千分尺

一、实训目标

1. 掌握千分尺的使用。
2. 千分尺使用中应注意的事项。

二、课前准备

千分尺（0～25mm、25～50mm、50～75mm、75～100mm）、测量用的矩形、圆柱形工件等。

三、相关的工艺知识

1. 千分尺的结构：由尺架、固定测砧、测微螺杆、固定套管、微分筒、测力装置和锁紧装置等组成。

2. 千分尺的分类：

按测量范围分：0～25mm、25～0mm、50～75mm、75～100mm 等。

按制造精度分：0 级、1 级和 2 级。

3. 千分尺的精度：0.01mm。

4. 千分尺的读数方法：

(1)在固定套管上读出与微分筒相邻近的刻度线数值。

(2)用微分筒上与固定套管的基准线对齐的刻线格数,乘以千分尺的测量精度(0.01mm)，读出不足 0.5mm 的数。

(3)将前两项读数相加，即为被测尺寸。

5. 千分尺的操作步骤

步骤一：千分尺的零位检查

(1)使用前，应先擦净砧座和测微螺杆端面，校正尺子零位的正确性。0～25mm 的千分尺，可转动棘轮，使砧端面和测微螺杆端面帖平，当棘轮发出响声后，停止转动棘轮，观察微分筒上的零线和固定套管上的基准线是否对正，从而决定尺子零线是否正确。

(2)25～50mm、50～75mm、75～100mm 的千分尺可通过标准样柱进行检测。

步骤二：千分尺的使用方法

(1)选用与零件尺寸相适应的千分尺，如被测零件的基本尺寸是50mm，则应选用 50～70mm 的千分尺。

(2)测量工件时，擦净工件的被测表面和尺子的两测量面，左手握尺架，右手转动微分筒，使测量杆端面和被测工件表面接近。

(3)再用右手转动棘轮，使测微螺杆端面和工件被测表面接触，直到棘轮打滑，发出响声为止，读出数值。

(4)测量外径时测微螺杆轴线应通过工件。

(5)测量尺寸较大的平面时，为了保证测量的准确度，应多测几个部件。

(6)测量小型工件时，用左手握工件，右手单独操作。

(7)退出尺子时，应反向转动微分筒，使测微螺杆端面离开被测表面后，再将尺子退出。

(8)不允许使用千分尺测量工件粗糙表面。

6. 注意事项

(1)根据不同公差等级的工件，选用合理的千分尺。

(2)千分尺的测量面应保持干净，使用前应校对零位。

（3）测量时，应转动微分筒，当测量面接近工件时，改用棘轮，直到发出"咔、咔"声为止。

（4）测量时千分尺要放正，并注意温度影响。

（5）不能用千分尺测量毛坯或转动的工件。

（6）为防止尺寸变动，可转动锁紧装置，锁紧测微螺杆。

项目十:锉削长方体

一、工件名称:锉削长方体

二、实习工件图

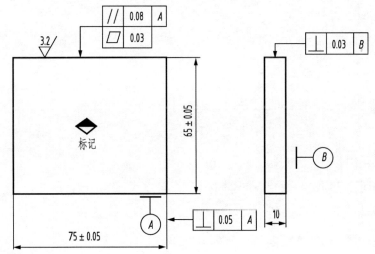

技术要求:
1. 各锐边倒角0.3×45°;
2. 未注 Ra3.2;
3. 各锉削面纹理方向一致。

图 10 - 1

三、实训目标

1. 巩固提高平面的锉削技能,并能达到一定的精度。

2. 正确使用游标卡尺和千分尺测量工件。

3. 正确使用角尺检查工件的垂直度。

四、课前准备：设备、台虎钳、钳台

（1）工量具：游标卡尺、千分尺（50～75mm、75～100mm）、钢板尺、板锉（粗、中、细）、90°角尺、手锯、高度尺等。

（2）材料：毛坯料。

五、新课指导

1. 分析工件图、讲解相关工艺

（1）公差等级：锉削 IT8。

（2）行位公差：平面度 0.03mm，垂直度 0.03mm、0.05mm，平行度 0.08mm。

（3）时间定额：60min。

2. 具体的加工步骤

步骤一：备料：80×80(±0.1)，打标记。

步骤二：加工基准面①，同时保证平面度 0.03mm，垂直大平面 0.03mm。

步骤三：加工面②，同时保证平面度 0.03mm，垂直①面 0.05mm，垂直大平面 0.03mm。

步骤四：高度尺划线 65、75(以①、②面为基准)。

步骤五：锯削③面，留 0.5～1mm 余量，然后锉削③面同时保证平面度 0.03mm，垂直度 0.03mm，与①面的平行度 0.08mm，尺寸 65±0.05mm。

步骤六：锯削④面，留 0.5～1mm 的余量，然后锉削④面，同时保证平面度、垂直度 0.03mm，尺寸 75±0.05mm。

步骤七：去毛刺，检查。

步骤九：交件。

3.注意事项

(1)加工前,应对来料进行全面检查,了解加工余量,然后加工。

(2)重点还应放在养成正确的锉削姿势,要达到姿势正确自然。

(3)加工平面,必须在基准面达到要求后进行;加工垂直面,必须在平行面加工好后进行。

(4)检查垂直度时,要注意角尺从上向下移动的速度、压力不要太大,否则尺座的测量面离开工件基准面,导致测量不准。

(5)在接近加工面要求时,不要过急,以免造成平面的塌角、不平现象。

(6)工量具要放在规定部位,使用时要轻拿轻放,做到安全文明生产。

4.评分标准

工件号		座号		姓名		总得分	
项目	质量检测内容		配分	评分标准		实测结果	得分
锉削长方体	(75±0.05)mm		10分	超差不得分			
	(65±0.05)mm		10分	超差不得分			
	▢ 0.03 (4处)		20分	超差不得分			
	⊥ 0.03 B (4处)		20分	超差不得分			
	Ra3.2(4处)		8分	升高一级不得分			
	// 0.08 A		6分	超差不得分			
	⊥ 0.05 A		6分	超差不得分			
	锉削姿势正确		10分	目测			
	安全文明生产		10分	违者不得分			
现场记录:							

项目十一:锉锯综合练习

一、工件名称:锉锯综合练习

二、生产实习图

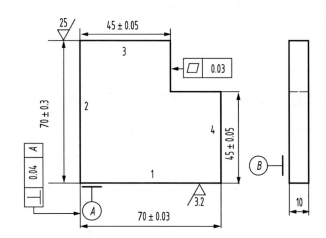

技术要求:
1. 未注表面粗糙度Ra3.2;
2. 各锉削面纹理方向一致;
3. 各锉削面相对于B面的垂直度为0.03mm;
4. 内直角锯削工艺槽1×45°。

图 11-1

三、实训目标及要求

1. 巩固锉锯的技能,达到一定的精度要求。

2. 初步掌握内直角的加工测量方法。

四、课前准备

1. 设备:台虎钳、平台。

2. 工量具:手锯、板锉(粗、中、细)、游标卡尺、千分尺(25~50mm、50~75mm)、高标尺、钢板尺、90°角尺、刀口尺。

3. 材料:毛坯件。

五、新课指导

1. 分析工件图,讲解相关工艺

(1)公差等级:IT8。

(2)形位公差:各加工面与大面垂直度为 0.03mm,与基准面 A 的垂直度为 0.04mm。

(3)时间额定:120min。

2. 具体步骤

步骤一:备料,75mm×75mm(±0.1mm)。

步骤二:加工①面,保证平面度 0.03mm,垂直度 0.03mm。

步骤三:加工②面,保证平面度 0.03mm,与基准面①的垂直度为 0.04mm。

步骤四:依图样划出所有线条,45、70(分别以①、②面为基准)。

步骤五:锯削③面,保证尺寸 70±0.30mm。

步骤六:锯削④面,粗精锉该面,保证尺寸 70±0.03mm。

步骤七:锯掉一角,锯削工艺槽,粗精锉两面,保证两个尺寸 45±0.05mm,垂直度 0.04mm,90°直角。

步骤八:去毛刺,检查尺寸,打钢印号。

步骤九:交件。

3. 注意事项

(1)直角尺、千分尺的正确使用。

(2)内直角清角彻底。

(3)安全文明操作。

4. 评分标准

工件号		座号		姓名		总得分	
项目	质量检测内容		配分	评分标准	实测结果	得分	
锉削	70±0.03mm(2 处)		20 分	超差不得分			
	45±0.05mm(2 处)		20 分	超差不得分			
	⊥ 0.04 A (1 处)		4 分	超差不得分			
	⊥ 0.03 B (5 处)		30 分	超差不得分			
	Ra3.2(5 处)		10 分	升高一级不得分			
锯削	Ra25(1 处)		6 分	升高一级不得分			
	安全文明生产		10 分	违者不得分			

现场记录：

项目十二:直角阶梯锉削

一、工件名称:直角阶梯锉削

二、实习工件图

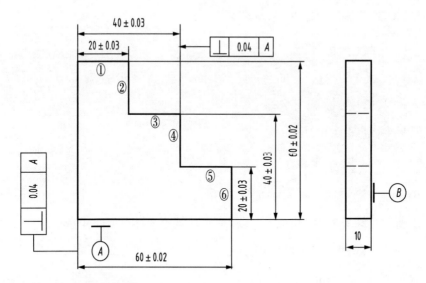

技术要求:
1. 未注表面粗糙度Ra3.2;
2. 各锉削面纹理方向一致;
3. 各锉削面相对于基准面B的垂直度为0.03mm;
4. 内直角锯削工艺槽1×45°。

图 12-1

三、实训目标及要求

巩固和提高锉削精度。

四、课前准备

(1)设备:台虎钳平台。

(2)工量具:千分尺(0～25mm、25～50mm、50～75mm)、90°角尺、刀口尺、高标尺、钢板尺、手锯、板锉(粗、中、细)。

(3)材料:毛坯件。

五、新课指导

1. 分析工件图、讲解相关工艺

公差等级:锉削 IT8。

形位公差:②、④、⑥面分别与 A 面的垂直度公差为 0.04mm。

表面粗糙度:锉削 $Ra3.2$。

时间额定:150min。

2. 具体的操作步骤

步骤一:检查来料,了解加工余量。

步骤二:修整两基准面,并以两面为基准划出所有线条。

步骤三:锯削①面,粗精锉该面,保证尺寸 60±0.02mm,并与 B 面的垂直度为 0.03mm。

步骤四:锯削右上角,粗精锉②、③面,分别保证尺寸 20±0.03mm、40±0.03mm,②、③面分别与 B 面的垂直度为 0.03mm。

步骤五:锯掉另一直角,粗精锉④、⑤面,分别保证尺寸 40±0.02mm、20±0.02mm,④面与 A 面的垂直度为 0.04mm,④、⑤面分别与 B 面的垂直度为 0.03mm。

步骤六:锯削⑥面,粗精锉该面,保证尺寸 60±0.02mm,并与 B 面的垂直度为 0.03mm。

步骤七:去毛刺,检查各部分尺寸,打标记。

步骤八:交件。

3. 注意事项

(1)各内直角要清角干净彻底。

(2)直角尺的正确使用。

(3)做到安全操作,遵守相关的操作规程。

4. 评分标准

工件号		座号		姓名		总得分	
项目	质量检测内容		配分	评分标准		实测结果	得分
锉削	60±0.02mm(2处)		16分	超差不得分			
	40±0.02mm(2处)		14分	超差不得分			
	20±0.02mm(2处)		14分	超差不得分			
	⊥ 0.04 A (2处)		8分	超差不得分			
	⊥ 0.03 B (8处)		24分	超差不得分			
	Ra3.2(8处)		16分	升高一级 不得分			
	安全文明生产		10分	违者不得分			
现场记录:							

项目十三:万能角度尺

一、实训目标及要求

掌握万能角度尺的使用方法。

二、课前准备

万能角度尺、外圆锥工件及其他角度工件。

三、相关的工艺知识

1. 万能角度尺的结构:它是由尺身、90°角尺、游标、制动器、基尺、直尺、卡块等组成。

2. 万能角度尺的精度:5′和2′两种。其中2′的是我们常用的。

3. 万能角度尺的读数方法:与游标卡尺的读数方法相似,先读出游标零线左边的刻度整数,然后在游标上读出分的数值(格数×2′),两者相加就是被测工件的角度数值。

4. 万能角度尺测量工件的方法:

(1)测量工件斜面时,通过调整和安置直角尺、直尺、扇形板可测量大小不同的角度。

(2)直角尺和直尺全部装上时,可测量 0°～50°的外角度。只装上直尺时,可测量 50°～140°的外角。只装上直角尺时,可测量 140°～230°的角度。将直角尺和直尺全部拆下时,可测量 230°～320°的角度即可测量

40°～130°的角度。

5. 注意事项:

用万能角度尺测量工件角度时,应使基尺与工件角度母线方向一致,且工件应与直角尺的两个测量面在全长接触良好,避免误差。

度尺尺身上基本角度刻线只有 0°～90°,如测量角度大于 90°时,应加上一个基数(90°、180°、270°)。

(1)当工件角度为 90°～180°时,被测角度＝90°＋直角尺读数。

(2)当工件角度为 180°～270°时,被测角度＝180°＋直角尺读数。

(3)当工件角度为 270°～320°时,被测角度＝270°＋直角尺读数。

项目十四：六方体

一、工件名称：六方体

二、生产实习图

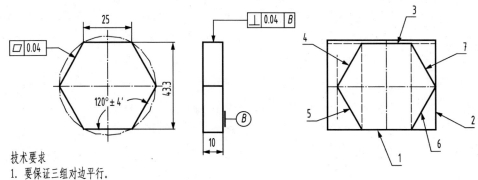

技术要求
1. 要保证三组对边平行。
2. 六条边相等。
3. 六个角度尽量相等。

图 14 - 1

三、实训目标及要求

1. 正确使用万能角度尺。

2. 掌握角度件的加工方法。

四、课前准备

1. 设备：台虎钳、平台。

2. 工量具：万能角度尺、千分尺、钢板尺、高标尺、刀口尺、90°角尺、游标卡尺、板锉(粗、中、细)、手锯等。

3. 材料:毛坯件。

五、新课指导

1. 分析工件图、讲解相关的工艺知识

(1)公差等级:锉削 IT8。

(2)形位公差:平面度 0.03mm,各面与大平面的垂直度为 0.04mm。

(3)时间额定:180min。

2. 具体的操作步骤

步骤一:备料:45mm×55mm(±0.1)。

步骤二:加工 1 面,保证平面度 0.04mm,与大平面的垂直度为 0.04mm。

步骤三:加工 2 面,保证平面度 0.04mm,与大平面的垂直度为 0.04mm,并且与 1 面垂直。

步骤四:划出所有线条(以 1 面和 2 面为基准)分别为 21.6mm、43.3mm、12.5mm、37.5mm、50mm。

步骤五:加工 3 面,保证平面度 0.04mm,与大平面的垂直度为 0.04mm,且与 1 面保持平行。

步骤六:加工 4 面,保证平面度 0.04mm,与大平面的垂直度为 0.04mm,3 与 4 面的夹角为 120°。

步骤七:加工 5 面,保证平面度 0.04mm,与大平面的垂直度为 0.04mm,4 与 5 面的边长相等且角度为 120°。

步骤八:加工 6 面,保证与 4 面平行且尺寸为 43.3mm,与 1 面的夹角为 120°。

步骤九:加工 7 面,保证与 5 面平行且尺寸为 43.3mm,与 3 面的夹角为 120°,并且与 6 面的边长相等。

步骤十:检查尺寸,去毛刺。

步骤十一:交件。

3. 注意事项

(1)六个角的加工顺序要正确。

(2)三组对边要分别平行且相等。

(3)角度的测量方法要正确。

(4)遵守相关的操作规程。

4. 评分标准

工件号		座号		姓名		总得分	
项目	质量检测内容		配分	评分标准	实测结果		得分
锉削	43.3(3 组)		15 分				
	25(6 处)		18 分				
	$120°\pm4'$(6 处)		18 分				
	▱ 0.04 (6 处)		12 分				
	⊥ 0.04 B (6 处)		18 分				
	$Ra3.2$(6 处)		12 分				
	安全文明生产		7 分				
现场记录							

项目十五:阶梯角度件

一、工件名称:阶梯角度件

二、生产实习图

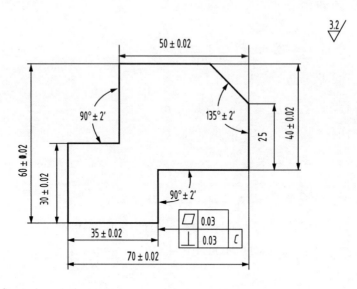

技术要求:
1. 工件不允许碰敲,否则该部位处分值为零;
2. C为大平面;
3. 各锉削面纹理方向一致;
4. 各锐边倒角0.1×45°。

图 15-1

三、实训目标及要求

1. 熟练掌握万能角度尺的使用。

2. 掌握正确的锉削姿势,并达到一定的锉削精度。

四、课前准备

1. 设备:台虎钳、平台。

2. 工量具:千分尺(25~50,50~75)、万能角度尺、刀口尺、90°角尺、游标卡尺、高标尺、钢板尺、手锯、板锉(粗、中、细)。

3. 材料:毛坯件。

五、新课指导

1. 分析工件图、讲解相关工艺

(1)公差等级:锉削 IT8。

(2)表面粗糙度:锉削 $Ra3.2\mu$m。

(3)时间额定:180min。

2. 具体的加工步骤

步骤一:备料 71mm×61mm(±0.1)。

步骤二:粗精锉两基准面,保证平面度 0.03mm。

步骤三:粗精锉另外两面,保证平面度 0.03mm 及尺寸 60±0.02mm、70±0.02mm。

步骤四:锯掉右下角,粗精锉两面,保证平面度 0.03mm 及尺寸 35±0.02mm、40±0.02mm。

步骤五:锯掉左上角,粗精锉两面,保证平面度 0.03mm 及尺寸 30±0.02mm、50±0.05mm。

步骤六:锯掉右上角多余部分,粗精锉斜边,保证平面度 0.03mm,

尺寸 25mm 及角度 135°±2′。

步骤七:去毛刺,修整工件,打钢印号。

步骤八:交件。

3. 注意事项

(1)正确使用万能角度尺。

(2)内直角清角要干净彻底。

4. 评分标准

工件号		座号		姓名		总得分	
项目	质量检测内容		配分	评分标准		实测结果	得分
锉削	70±0.02mm		7 分	超差不得分			
	60±0.02mm		7 分	超差不得分			
	50±0.02mm		7 分	超差不得分			
	40±0.02mm		7 分	超差不得分			
	35±0.02mm		7 分	超差不得分			
	30±0.02mm		7 分	超差不得分			
	90°±2′(2 处)		10 分	超差不得分			
	135°±2′		6 分	超差不得分			
	▱ 0.03 (9 处)		9 分	超差不得分			
	⊥ 0.03 C (9 处)		18 分	超差不得分			
	Ra3.2(9 处)		9 分	升高一级不得分			
	安全文明生产		6 分	违者不得分			

现场记录:

项目十六:角度件练习

一、工件名称:角度件练习

二、生产实习图

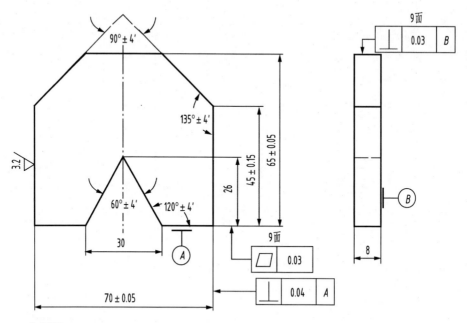

技术要求:

1. 各锐边倒角0.3×45°;

2. 未注Ra3.2;

3. 各锉削面纹理方向一致。

图 16 - 1

三、实训目标及要求

1. 熟练掌握万能角度尺的正确使用。

2. 巩固、提高锉削精度。

四、课前准备

(1)设备:台虎钳、平台。

(2)工量具:万能角度尺、千分尺、90°角尺、刀口尺、高度尺、钢板尺、手锯、板锉(粗、中、细)。

(3)材料:毛坯件。

五、新课指导

1. 分析工件图、讲解相关工艺

(1)公差等级:锉削 IT8。

(2)表面粗糙度:锉削 $Ra3.2\mu m$。

(3)时间额定:180min。

2. 具体加工步骤

步骤一:备料:71mm×66mm(±0.1mm)。

步骤二:加工基准面 A 面(即①面),保证平面度 0.03mm,且与大平面 B 的垂直度为 0.03mm。

步骤三:加工②面,保证平面度 0.03mm,与 A 面的垂直度为 0.04mm,与大平面的垂直度为 0.03mm。

步骤四:划出所有线条(分别以①、②面为基准)分别为 26mm、45mm、65mm、20mm、35mm、50mm、70mm。

步骤五:加工③面,保证平面度 0.03mm 和尺寸 70±0.05mm。

步骤六:加工④面,保证平面度 0.03mm 和尺寸 65±0.05mm。

步骤七:锯掉一斜面,粗精锉该面(即⑤面),保证平面度 0.03mm,

角度 $135°\pm4'$，尺寸 45 ± 0.15mm。

步骤八：锯掉另一斜面，锯削工艺槽，粗精锉该面（即⑥面），保证平面度 0.03mm，角度 $135°\pm4'$，尺寸 45 ± 0.15mm。

步骤九：锯掉下面多余部分（即⑦、⑧面），粗、精锉两面，保证 $120°\pm4'$，26mm，30mm，$60°\pm4'$。

步骤十：去毛刺，修整工件，打标记。

步骤十一：交件。

3. 注意事项

(1)内角要清角干净彻底。

(2)正确使用万能角度尺。

4. 评分标准

工件号		座号		姓名		总得分	
项目	质量检测内容		配分	评分标准		实测结果	得分
锉削	75 ± 0.05mm		7 分	超差不得分			
	65 ± 0.05mm		7 分	超差不得分			
	45 ± 0.15mm		4 分	超差不得分			
	26mm		3 分	超差不得分			
	30mm		3 分	超差不得分			
	$60°\pm4'$		5 分	超差不得分			
	$90°\pm4'$		5 分	超差不得分			
	$120°\pm4'$		5 分	超差不得分			
	$135°\pm4'$		5 分	超差不得分			
	▱ 0.03 （9 处）		18 分	超差不得分			
	⊥ 0.04 A		4 分	超差不得分			
	⊥ 0.03 B （9 处）		18 分	超差不得分			
	Ra3.2（9 处）		9 分	升高一级不得分			
	安全文明生产		7 分	违者不得分			

（续表）

工件号		座号		姓名		总得分	
现场记录：							

项目十七:十字块加工

一、工件名称:十字块加工

二、实习工件图

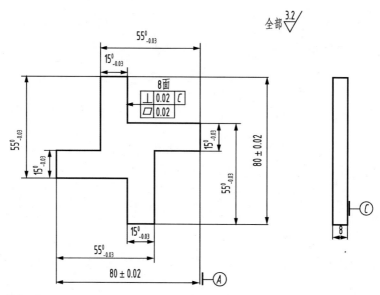

技术要求:
1. 各锉削面纹理方向一致;
2. 各锐边倒角0.1×45°;
3. 不准捶击大平面。

图 17-1

三、实训目标及要求

1. 巩固和提高平面的锉削精度。

2. 正确使用90°角尺检测内直角。

四、课前准备

1. 设备：台虎钳平台。

2. 工量具：90°角尺、千分尺（0～25mm、25～50mm、50～75mm、75～100mm）、高标尺、钢板尺、刀口尺、游标卡尺、锉刀（粗、中、细）、手锯。

3. 材料：毛坯料。

五、新课指导

1. 分析工件图、讲解相关工艺

（1）公差等级：锉削 IT8。

（2）表面粗糙度：锉削 $Ra3.2\mu m$。

（3）时间额定：180min。

2. 具体的操作步骤

步骤一：备料 82mm×82mm（±0.1）一块。

步骤二：修整基准面，达到精度要求。

步骤三：依图样划出所有线条。

（1）锯去左上角部分，加工①面，保证尺寸 $55_{-0.03}^{0}$ mm。

（2）锯去右上角部分，加工②面，保证尺寸 $15_{-0.03}^{0}$ mm，加工③面，保证尺寸 $55_{-0.03}^{0}$ mm 及与②面垂直。

（3）锯去右下角部分，加工④面，保证尺寸 $15_{-0.03}^{0}$ mm，加工⑤面，保证尺寸 $55_{-0.03}^{0}$ mm 及与④面垂直。

(4)锯去左下角部分,加工⑥面,保证尺寸 $15_{-0.03}^{0}$ mm,加工⑦面,保证尺寸 $55_{-0.03}^{0}$ mm 及与⑥面垂直。

步骤四:加工⑧面,保证尺寸 $15_{-0.03}^{0}$ mm 及与①面垂直。

步骤五:去毛刺,检查各尺寸,打标记。

步骤六:交件。

3. 注意事项

(1)各个直角均对称。

(2)十字块的加工顺序是顺时针。

(3)遵守有关的安全操作规程。

4. 评分标准

工件号		座号		姓名		总得分	
项目	质量检测内容		配分	评分标准		实测结果	得分
锉削	$55_{-0.03}^{0}$ mm(4 处)		20 分	超差不得分			
	$15_{-0.03}^{0}$ mm(4 处)		20 分	超差不得分			
	80 ± 0.02 mm(2 处)		10 分	超差不得分			
	⊥ | 0.02 | C (8 面)		16 分	超差不得分			
	▱ | 0.02 (8 面)		16 分	超差不得分			
	$Ra3.2$(12 处)		12 分	升高一级不得分			
	安全文明生产		6 分	违者不得分			

现场记录:

项目十八:分度头划线

一、相关工艺知识

1. 分度头是铣床上等分圆周用的附件。钳工常用它来对中,小型工件进行分度和划线。特点是使用方便,精确度较高。

2. 分度头主要规格是以主轴中心到底面的高度(mm)表示的。例如,F11125 型万能分度头,其主轴中心到底面的高度为 125mm。常用万能分度头的型号有 F11100,F11125,F11160。

3. 简单分度法

$$n = 40/Z$$

式中,n——在工件转过每一等份时,分度头手柄应转过的圈数;

Z——工件的等份数。

4. 例题分析

例一:要在工件的某圆周上划出均匀分布的 20 个孔,试求每划完一个孔的位置后,手柄应转过多少转?

解:依公式 $n = 40/Z$,$n = 40/20 = 2$

即每划完一个孔的位置后,手柄应转过 2 转。

例二:用棒料做一个正五边形体,使用分度头将五方体划出。

解:依公式 $n = 40/Z$,$n = 40/5 = 8$

即每划一条线,分度头手柄应摇过 8 周再划另一条线。按此方法将五方线全部划完。

二、实习工件图

三、实训目标及要求

1. 掌握分度头的划线方法。

2. 熟练使用分度头。

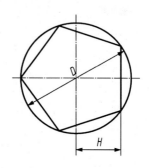

图 18 - 1

四、课前准备

1. 工量夹具的准备：常用划线工具,高度游标卡尺,游标卡尺,三爪卡盘。

2. 毛坯准备：检查毛坯是否符合要求,检查各项形位精度是否符合要求,去除尖角,毛刺。

五、新课指导

1. 编制加工工艺及步骤

步骤一：工件涂色。

步骤二：将工件装夹在分度头的三爪卡盘上,卡紧。

步骤三：调整高度游标卡尺,找出分度头中心高。

步骤四：在工件端面划出中线并翻转 180°检查准确性。如不准确,要对高度尺做适当调整,重新划中线。

步骤五：摇动分度头手柄,将工件转动 90°划第二条中心线。

步骤六：将高度游标卡尺下调(或上调)H 尺寸,在端面划线,并引至外圆柱表面,作为调头划出另一端面线时的找正线。

步骤七：其他线的划法。简单分度法即依公式 $n=40/Z$,$n=40/5=8$;即每划完一条线,分度头手柄应摇过 8 周再划另一条线。按此方法将五方线全部划完。

步骤八:卸下工件,将其调头重新卡在三爪卡盘上,并用高度尺(原有尺寸不变)按划在外圆柱面上的五方的第一条线找正工件,然后按上述方法在端面上划出五方所有线条,并检查。

步骤九:卸下工件,将分度头擦拭干净。

2. 注意事项

(1)为消除分度头中蜗杆与蜗轮或齿轮之间的间隙,保证划线的准确性,分度头手柄必须朝一个方向摇动。

(2)当分度头手柄摇到预定孔位时,注意不要摇过头,定位销必须正好插入孔内,如发现已摇过了预定的孔位,则须反向转过半圈左右后,再重新摇到预定的孔位。

(3)在使用万能分度头时,每次分度前,必须先松开分度头侧面的主轴紧固手柄,分度头主轴才能自动转动。分度完毕后,仍须紧固主轴,以防止主轴在划线过程中松动。

(4)当计算分度头手柄转数出现分数时,如划六方 $n=6+2/3$,即每划完一条线,在划第二条线时需转过 6 整周加某一孔圈上转过 2/3 周,为使分母与分度盘上已有的某个孔圈的孔圈相符,可把分母、分子同时扩大成 10/15 或 22/33,根据经验,应尽可能选用孔数较多的圈,这样摇动方便,准确度也高。所以我们选用 33 孔的孔数,在此孔圈内摇过 22 个孔距即可。

项目十九:锉削六方体

一、工件名称:六方体加工

二、实习工件图

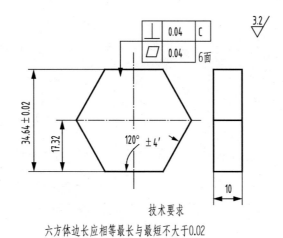

技术要求

六方体边长应相等最长与最短不大于0.02

图 19 - 1

三、实训目标及要求

1. 掌握使用分度头划线。

2. 掌握锉削六方体的方法。

3. 操作方法正确,线条清晰,线性尺寸准确。

4. 掌握具有对称度要求工件的加工和测量方法。

四、课前准备

1. 工量夹具的准备:分度头,游标卡尺,高度游标卡尺,三爪卡盘,常用划线工具。

2. 检查毛坯:检查毛坯尺寸是否符合要求,检查各项行位精度是否符合要求,去除尖角毛刺。

五、新课指导

1. 分析工件图,讲解相关工艺

依 $n=40/Z$ 则六方体 $Z=6$,$n=40/6=6+2/3$,即每划完一条线,在划第二条线时需转过 6 整周加在某一孔圈上转过 2/3 周。为使分母与分度盘上已有的某个孔圈的孔圈相符,可把分母分子同时扩大成 10/15 或 22/33,根据经验,应尽可能选用孔数较多的圈,这样摇动方便,准确度也高。所以我们选用 33 孔的孔数,在此孔圈内摇过 22 个孔距即可。

2. 编制加工工艺及步骤

步骤一:备料 φ40×10 一棒料,修好基准。

步骤二:在分度头上六等份,去料。

步骤三:锉削 1 面保尺寸 34.64 达到尺寸精度。

步骤四:锉削 2 面保角度 120°与 1 面,锉削 2`面保尺寸 34.64 即与 1`面的角度 120°。

步骤五:锉削 3 面保 120°与 2 面的,锉削 3`面保尺寸 34.64 和与 1 面,2`面的角度。

步骤六:去毛刺,检测全部尺寸,交件。

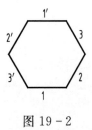

图 19-2

3. 注意事项：

六方体的划线,锉削六方体的顺序,控制边长相等。如图 19 - 2
所示。

4. 成绩评定表

序号	考核要求	配分	评分标准	实测结果	得分
1	34.64±0.02(3 处)	18	超差 0.01 以上不得分		
2	120°±4′(6 处)	24	超差不得分		
3	⊥ 0.04 C (6 处)	18	超差不得分		
4	▱ 0.04 (6 处)	24	超差不得分		
5	Ra3.2(6 处)	6	升高一级不得分		
6	安全文明生产	10	看情节轻重着重扣分		

项目二十:立体划线

一、工件名称:V 形架划线

二、实习工件图

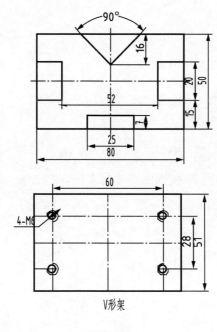

V形架

图 20 - 1

三、实训目标及要求

1. 正确使用立体划线工具。
2. 掌握简单立体工件的划线方法。

四、课前准备

工量刃具及材料:划针、划规、V形架、划线平板、样冲、锤子、钢直尺、高度游标卡尺、HT200、规格为80mm×51mm×50mm。

五、新课指导

1. 分析工件图,讲解相关工艺

(1)立体划线:在工件上几个互成不同角度的表面上划线,能明确表示加工界线的称为立体划线。

(2)划线要求线条清晰均匀,保证尺寸准确,使长、宽、高三个方向的线条互相垂直。

(3)划线精度0.25~0.5mm。

(4)将工件涂色并编号,如图20-2。

2. 具体操作步骤

(1)第一次划线如图20-3:

① 将面1平放在划线平板上,在面5和面6依次划7、34尺寸线。

② 在面3、面4、面5和面6依次划15和35尺寸线。

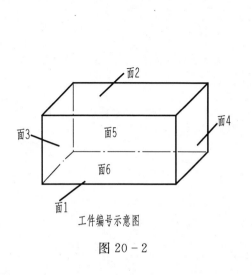

工件编号示意图

图 20-2

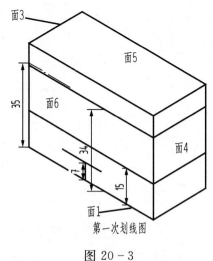

第一次划线图

图 20-3

(2)第二次划线如图 20 - 4,图 20 - 5：

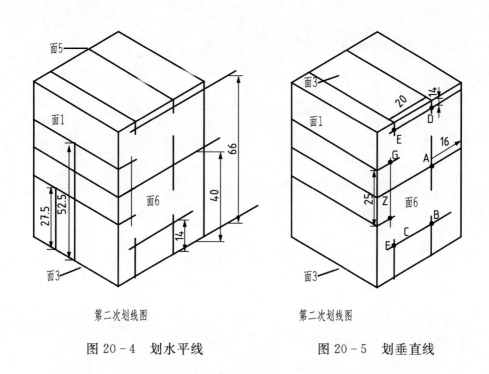

第二次划线图 第二次划线图

图 20 - 4　划水平线　　　　图 20 - 5　划垂直线

① 将面 3 平放在平板上,在面 6 和面 5 划 40 尺寸线,产生交点 A 点与 A`点,完成 16 尺寸线;再划 14、66 尺寸线,产生交点 B、C、D、E 点和 B`、C`、D`、E`点,完成两侧 20 尺寸槽的划线。

② 在面 1、面 6 和面 5 上划 27.5 和 52.5 尺寸线,产生交点 F、G 点与 F`、G`点,完成底槽 25×7 尺寸线。

(3)第三次划线：

将面 3 放在平板上,用游标高度尺在面 2 上依次划 10 和 70 尺寸线。

(4)第四次划线：

将面 6 放在平板上,用游标高度尺在面 2 上依次划 11.5、25.5 和 39.5 尺寸线分别相交于 a、b、c、d 点,完成攻螺纹孔位加工线。

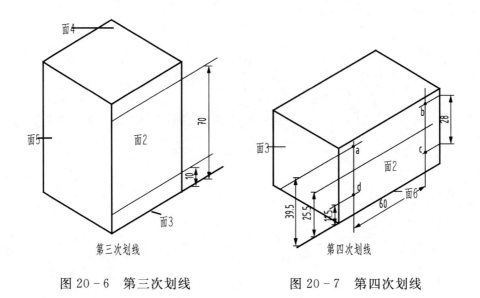

图 20-6　第三次划线　　　　　　图 20-7　第四次划线

(5)90°V 形槽划线:

① 如图 20-8,将工件放入 90°V 形架的 V 形槽内,用游标高度尺对准面 6 上的中心点,划一条平直线,与中心线 45°角。

② 将工件转 90°位置,划第二条平直线。如图 20-9:

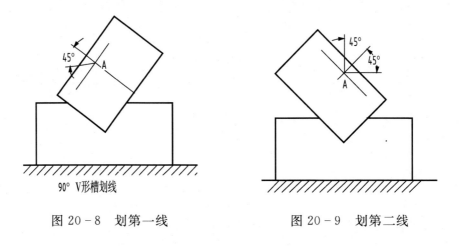

图 20-8　划第一线　　　　　　图 20-9　划第二线

③ 在面 5 上按相同方法划出过 A`点的两条平直线,即完成工件 V 形槽的划线。

(6)复查:对照图样检查已划全部线条,确认无误后,在所划线条上打样冲眼。如图 20-10:

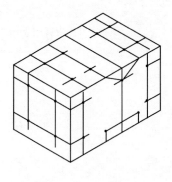

图 20-10 复查

3. 注意事项

(1)工件在划线平台上要平稳放置。

(2)划线压力要一致,划出线条细而清晰,避免划重线。

4. 成绩评定表

		质量检测内容	配分	评分标准	实测结果	得分
成绩评定表	划线	三个位置垂直度找正误差小于0.4mm	18分	超差一处扣6分		
		三个位置尺寸基准位置误差小于0.6mm	18分	超差一处扣6分		
		划线尺寸误差小于0.3mm	24分	每超差一处扣3分		
		线条清晰、样冲点正确	18分	一处不正确扣3分		
		检查样冲点位置是否正确	12分	一处不正确扣2分		
	安全文明生产		10分	违者不得分		

项目二十一:锉削 T 型凸件

一、工件名称:T 型凸件

二、实习工件图

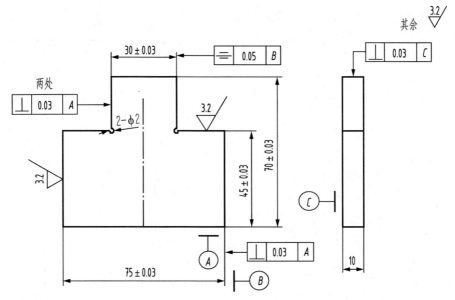

技术要求:

1.各锉削面纹理方向一致。

2.各加工面未注Ra3.2。

图 21-1

三、实训目标及要求

1. 掌握具有对称度要求的工件划线。

2. 初步掌握具有对称度要求的工件加工和测量方法。

3. 熟练锉锯技能,并达到一定的加工精度要求,为锉配打下必要的基础。

四、课前准备

1. 工夹量具的准备:锉刀一组,常用划线工具,手锯,高度游标卡尺,游标卡尺,万能角度尺,90°角尺,千分尺(0～25mm,25～50mm,50～75mm)刀口尺。

2. 检查毛坯:检查毛坯是否符合要求,检查各项行位精度是否符合要求,去除尖角、毛刺。

五、新课指导

1. 分析工件图、讲解相关工艺

本件具有对称度要求。

(1)对称度概念

① 对称度误差是指被测表面的对称平面与基准表面的对称平面间的最大偏移距离 Δ,如图 21 - 2 所示。

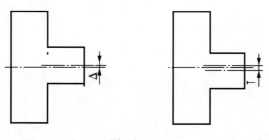

图 21 - 2

② 对称度公差带是指相对基准中心平面对称配置的两个平行面之间的区域,两平行面距离即为公差值,如图 21-2 所示。

(2)对称度测量方法:测量被测表面与基准表面的尺寸 A 和 B,其差值之半即为对称度误差值。

(3)对度形体工件的划线对于平面对称工件的划线,应在形成对称中心平面的两个基准面精加工后进行。划线基准与该两基准面重合,划线尺寸则按两个对称基准平面间的实际尺寸和对称要素的要求尺寸计算得出。

2. 编制加工工艺及步骤

步骤一:备料 76mm×71mm×10mm 一块。

步骤二:修外形尺寸保证 75±0.03mm,70±0.03mm 及垂直度要求。

步骤三:锯掉一直角粗精加工各面保证尺寸 45±0.03mm 及 45/2+30mm 来控制对称度并保证与 A 面的垂直度。

步骤四:锯掉另一直角粗精加工各面保证尺寸 45±0.03mm 及 30±0.03mm 和与 B 面的对称度 0.05mm。

步骤五:修整去毛刺打号,交件。

3. 注意事项

(1)因采用间接测量来达到尺寸要求,故必须进行正确换算和测量,才能得到所要求的精度。

(2)为了保证对称度精度,只能先去掉一端角料,待加工至规定要求后才能去掉另一端角料。

4. 成绩评定表

序号	考核要求	配分	评分标准	实测结果	得分
1	75±0.03	9	超差 0.02mm 以上不得分		
2	70±0.03	9	超差 0.02mm 以上不得分		

（续表）

序号	考核要求	配分	评分标准	实测结果	得分
3	45±0.03(2 处)	14	超差 0.02mm 以上不得分		
4	30±0.03	9	超差 0.02mm 以上不得分		
5	⊥ 0.03 A (3 处)	18	超差不得分		
6	≡ 0.05 B	8	超差不得分		
7	⊥ 0.03 C	7	超差不得分		
8	3.2∇(8 处)	16	升高一级不得分		
9	安全文明生产	10	视情节轻重扣分		

项目二十二:双燕尾锉削

一、工件名称:双燕尾加工

二、实习工件图

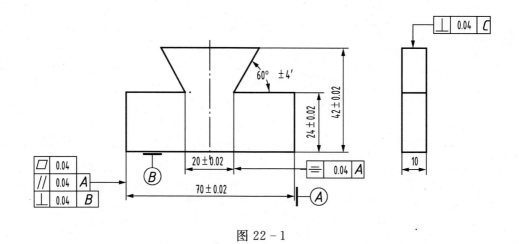

图 22 - 1

三、实训目标及要求

1. 懂得影响工件质量的各种因素及消除方法。

2. 掌握正确的加工方法和测量方法。

3. 巩固提高各项基本操作技能水平。

4. 按教学要求操作,合理消除不利因素,取得较好成绩。

四、课前准备

(1)备料:45 钢、规格及要求见备料图:

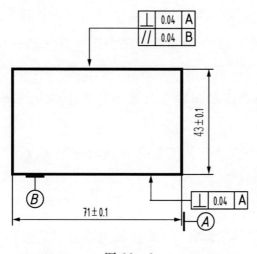

图 22－2

(2)设备:划线平台、方箱、台式钻床、平口钳、台虎钳、砂轮机等。

(3)必备设备:游标高度尺、游标卡尺、万能角度尺、千分尺(0～25、25～50、50～75)、杠杆百分表(0～0.8mm)、磁性表架、手用直铰刀(φ8H7)、直柄麻花钻(φ7.8),200mm 铰杠、常用锉刀(板锉、三角锉、手锯、软钳口、锤子、样冲、刚直尺等)。

五、新课指导

1. 分析工件图、讲解相关工艺

形位公差:锉削对称度 0.1mm、表面粗糙度:锉削 $Ra3.2$。

本件主要考查学生对角度工件加工方法的掌握情况,属于半封闭式工件,关键是如何保证燕尾处的对称度和燕尾处的尺寸是否符合技术要求。首先确定基本加工工艺如下:检验毛坯→划线→加工工件→交检。

时间定额:120 分钟。

了解各项技术要求及评分方法。

2. 具体操作步骤

步骤一:检验毛坯,了解毛坯误差与加工余量。

清理(毛刺、油污)→检验形位精度→检验尺寸精度→检验表面粗糙度→检验其他缺陷。毛坯必须达到备料图中规定的各项技术要求。

步骤二:确定加工基准并对基准进行修整按图样确定加工基准并修整。

特别提示:备料中两端面垂直度小于等于 0.01mm。

步骤三:划线、钻工艺孔、分割。

涂料→划线→检查→钻工艺孔→分割→锉削保尺寸→去除毛刺。

(1)考核图的规定在毛坯上划线。

(2)钻工艺孔。

(3)去除两侧多余部分,粗锉各面至接近线条处,去除端面毛刺。

(4)锉削各个端面保证尺寸。即左面和右面。

特别提示:钻 $\phi 2mm$ 工艺孔时,注意不要将转速调慢,应尽量使转速调高,进给量稍小。

步骤四:加工基准件(图 22-3、图 22-4)。

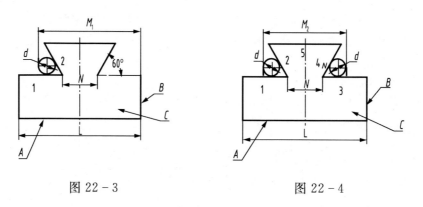

图 22-3   图 22-4

加工平面 1、2,如图 22-3 所示:锯割平面 1、2,去除多余部分;交替粗、细锉平 1、2；以基准面 A、C 为基准，精锉平面 1 到 $24_{-0.033}^{0}$；以 B、C 为基准，精锉平面 2，使尺寸 $M_1 = L/2 + N/2 + \cot30°d/2 + d/2$。

加工平面 3、4，如图 22-4 所示：锯割平面 3、4，去除多余部分；交替粗、细锉平面 3、4°以基准面 A、C 为基准，精锉平面 3 到 $24_{-0.033}^{0}$ mm；以 B、C 为基准，精锉锉平面 4，使尺寸 $M_2 = 2(2/N + \cot30°d/2 + d/2)$。

加工平面 5：粗锉平面 5，细锉平面 5，以 A、C 为基准，精锉平面 5 至尺寸 42 ± 0.02mm。

特别提示：加工该件时，为了保证两侧燕尾对称度小于 0.1mm，只能先去掉一端角料，待加工至规定要求后才能去掉另一端角料；该件对称平面的形位误差尽量对称，即平面 1 与平面 3 对基准 A 的平行度误差方向相反；在加工过程中，其角度应用万能角度尺与角度样板进行测量；在测量尺寸 M_1、M_2 时，应用 ϕ10mm 圆住检验棒辅助测量。

步骤五：检查、修整、打号、交工件。

3. 注意事项

(1)本工件燕尾处的测量为间接测量，所以外形面的误差应控制在最小范围内，如尺寸精度，平面度，各面垂直度。

(2)角度 60° 应尽量准确并注意角度误差方向不要出现错误。

(3)两面 60° 角不能同时锯下，否则会失去基准。

(4)同向尺寸的加工误差方向要一致。

(5)规定的不加工表面不能锉削，否则按违纪处理。

(6)做到安全操作，文明生产，遵守各项操作规程。

4. 成绩评定表

序号	项目	配分	评分标准	实测结果	得分
1	70 ± 0.02	12	超差不给分		
2	42 ± 0.02	10	超差不给分		

（续表）

序号	项目	配分	评分标准	实测结果	得分
3	24 ± 0.02(2 处)	20	超差不给分		
4	20 ± 0.02	10	超差不给分		
5	$60°\pm4'$	10	超差不给分		
6	⊜ 0.04 A	5	超差不给分		
7	// 0.04 A	5	超差不给分		
8	⊥ 0.04 B C	5	超差不给分		
9	⊥ 0.04 C	5	超差不给分		
10	▱ 0.04	5	超差不给分		
11	$Ra3.2$(8 处)	8	超差不给分		
12	安全文明生产	5	违纪酌情扣分		

项目二十三:制作 90°刀口角尺

一、工件名称:制作 90°刀口角尺

二、实习工件图

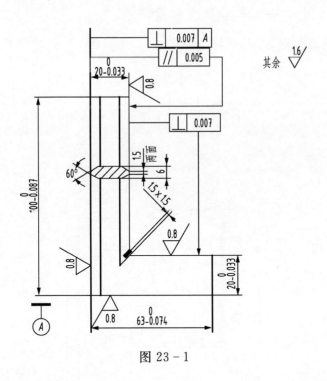

图 23 - 1

三、实训目标及要求

1. 掌握 90°刀口角尺的加工工艺。

2. 提高锉削及研磨的技术。

四、课前准备

工具、量具、刃具:锯弓、锯条、平锉、三角锉、钻头、磨料、研磨粉、机油、煤油、方铁导靠块、钢直尺、游标卡尺、高度尺、直角尺、刀口形直尺、千分尺(0~75 范围)。

材料:45 钢,规格 100mm×63mm×6mm。

五、新课指导

1. 分析工件图、讲解相关工艺

制作 90°刀口角尺关键是正确掌握内外垂直度的检测,保证形位公差;正确进行刃口的研磨,保证直线度要求。

2. 编制加工工艺及步骤

步骤一:检查来料尺寸,选择精修基准面(面 1 和面 2),按图样要求进行划线。

步骤二:按划线锯去多余材料,留有锉削余量,锯削 1.5mm×1.5mm 工艺槽。

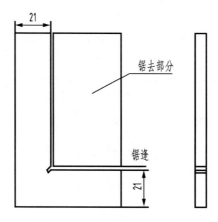

图 23-2　锯削方法示意图

步骤三:锉削步骤(图 23-3):

(1)以面 1 为基准修整外角垂直度,达到 0.015mm,表面粗糙

度 $Ra1.6\mu m$。

(2)以面 1 为基准加工面 5,达到 20mm 尺寸,平行度 0.015mm 要求。

(3)以面 2 为基准加工面 6,达到 20mm 尺寸,保证平行度 0.015mm、面 6 与面 5 垂直度 0.015mm 要求。

(4)注意面 1、面 2 与面 3 的垂直度小于 0.05mm。

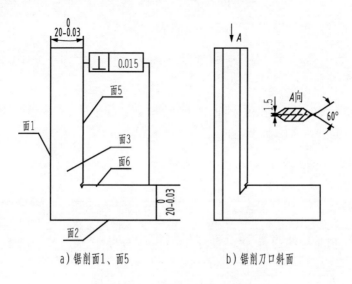

a)锯削面1、面5   b)锯削刀口斜面

图 23-3 锯削方法示意图

步骤四:划刀口斜面加工线,并对其锉削,达到刀口两侧斜面对称、平整、交线清晰平直(图 23-3b)。

步骤五:热处理。可利用气割火焰对 90 度角尺进行加热至缨红色,然后采用水冷方式进行淬火以提高角尺的硬度和耐磨性。

步骤六:研磨。研磨内直角时要用护套保护另一面,以免碰伤。

步骤七:用煤油对角尺清洗,做全面精度检查。

步骤八:测量方法:

(1)以短边面 2 为基准测量 90°角尺的外 90°角。

(2)以短边面 6 为基准测量 90°角尺内 90°角。

3. 注意事项

(1)锉刀口斜面必须在平面加工达到要求后进行,并注意不能碰坏垂直面,造成角度不准。

(2)90°角尺是以短面为基准测量直角,但在加工时应先加工长角度面。

(3)粗、精研磨时要用不同平板作研具,若采用同一块平板须清洗干净,精研时应清除上道工序所留下的较粗磨料。

(4)研窄平面时要采用方铁导靠块靠紧,保持平面与侧面垂直,以避免产生倾斜和圆角。

(5)应常改变工件在研具上的研磨位置,防止研具局部磨损,同时常调头研磨工件。

4. 刀口形 90°角尺评分表

工件号		工位号		姓名		总得分	
项目	质量检测内容		配分	评分标准		实测记录	得分
锉削研磨	$100_{-0.087}^{0}$mm		8	超差不得分			
	$63_{-0.074}^{0}$mm		8	超差不得分			
	$20_{-0.033}^{0}$mm		18	超差不得分			
	$\perp$ 0.015		18	超差不得分			
	$/\!/$ 0.005		8	超差不得分			
	刀口斜面 60°(2 面)		12	超差不得分			
	刀口 1.5mm		4	超差不得分			
	槽 1.5mm×1.5mm		2	不加工全扣			
	$Ra0.8\mu m$		4	升高一级不得分			
	$Ra1.6\mu m$		8	升高一级不得分			
	安全文明生产		10	违者不得分			
	现场记录						

项目二十四:钻头的刃磨

一、工件名称:麻花钻

二、实习工件图

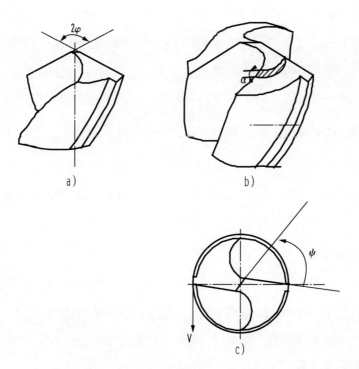

图 24-1

三、实训目标及要求

掌握刃磨钻头的基本操作方法。

四、课前准备

工量具:钻头、砂轮机、万能角度尺。

五、新课指导

1. 讲解相关工艺

(1)准麻花钻的刃磨要求

① 顶角 2φ 为 $118°±2°$。

②外缘处的后角 α。为 $10°\sim14°$。

③ 横刃斜角 ψ 为 $50°\sim55°$

④ 两个切削刃长度以及和钻头轴心线组成的两个 φ 角要相等。

⑤ 两个主后面要刃磨光滑。

(2)钻头冷却

要经常蘸水冷却,防止因过热退火而降低硬度。

(3)砂轮选择

一般采用粒度为 $46\sim80$、硬度为中软级(K、L)的氧化铝砂轮为宜。砂轮旋转必须平稳,对跳动量大的砂轮必须进行修整。

(4)刃磨检验

① 钻头的几何角度及两主切削刃的对称等要求,可利用检验样板进行检验,但在刃磨过程中经常采用的是目测法。

② 钻头外缘处的后角要求,可对外缘处靠近刃口部分的后刀面的倾斜情况直接目测。

③ 近中心处的后角要求,可通过控制横刃斜角的合理数值来保证。

2. 编制加工步骤

步骤一:右手握住钻头的头部,左手握住柄部。

步骤二:钻头轴心线与砂轮圆柱母线在水平面内的夹角等于 59°～60°,被刃磨部分的主切削刃处于水平位置。

步骤四:钻身向下倾斜约 8°～15°的角度。

步骤五:将主切削刃略高于砂轮水平中心,先接触砂轮,右手缓慢地使钻头绕自身的轴线由下向上转动,刃磨压力逐渐加大,这样便于磨出后角,其下压速度及幅度随后角的大小而变化。刃磨时两手动作的配合要协调,两后刀面经常轮换,直到符合要求。

3. 注意事项

(1)对于直径 6mm 以上的钻头必须修短横刃,并适当增大近横刃处的前角,要求把横刃磨短成 $b＝0.5～1.5$mm,使内刃斜角 $\tau＝20°～30°$,内刃处前角 $\gamma_\tau＝0°～15°$。

(2)头轴线在水平内与砂轮侧面左倾 15°夹角,在垂直平面内与刃磨点的砂轮半径方向约成 55°下摆角。

4. 成绩评定表

序号	项目	配分	评分标准	实测结果	得分
1	顶角 2φ 为 118°±2°	20	角度样板		
2	后角 α 为 10°～14°	20	目测		
3	横刃斜角 ψ 为 50°～55°	20	目测		
4	两切削刃长度应相等	10	目测		
5	两主后刀面应光滑	10	目测		
6	刃磨动作正确	10	目测		
7	安全文明生产	10	违者不得分		

项目二十五:划线钻孔

一、工件名称:钻孔板

二、实习工件图

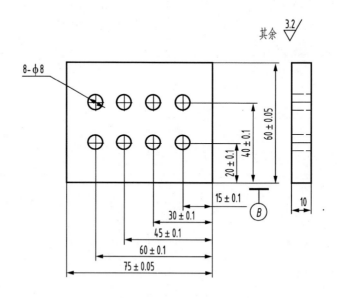

技术要求:各孔表面粗糙度不大于Ra12.5。

图 25-1

三、实训目标及要求

1. 掌握划线钻孔及钻孔的基本操作方法。

2. 了解台钻的规格、性能及使用方法。

3. 熟悉钻孔时工件的装夹方法。

4. 熟悉钻孔时转速的选择方法。

5. 做到安全和文明操作。

四、课前准备

1. 工量具:钻头、台钻、游标卡尺、划线工具、划线平台、切削液、手锤、样冲。

2. 备料:长方体板料。

五、新课指导

1. 分析工件图,讲解相关工艺

(1)钻孔加工精度不高,一般为 IT10～IT9,表面粗糙度 Ra $\geqslant 12.5\mu m$。

(2)台钻加工小型工件上直径不大于 12mm 的小孔。

维护和保养:

① 在使用过程中,工作台面必须保持清洁。

② 钻通孔时必须使钻头能通过工作台面上的让刀孔,或在工件下面垫上垫铁,以免钻坏工作台面。

③ 用毕后必须将机床外露滑动面及工作台面擦净,并对各滑动面及各注油孔夹注润滑油。

(3)钻头的装拆:

①直柄钻头装拆:用钻夹头夹持,夹持长度不小于 15mm,用钻夹头钥匙旋转外套作夹紧或放松。

② 锥柄钻头装拆:用柄部的莫氏锥体直接与钻床主轴连接。

(4)装夹工件钻孔时,要根据工件的不同形状以及钻削力的大小等情况,采用不同装夹方法,以保证钻孔的质量和安全。

① 平整的工件可用平口钳装夹。装夹时,应使工件表面与钻头垂直。

② 圆柱形的工件可用 V 形铁对工件进行装夹。装夹时,应使钻头轴心线垂直通过 V 形体的对称平面,保证钻出孔的中心线通过工件轴心线。

③ 对较大的工件且钻孔在 10mm 以上的,用压板夹持的方法进行钻孔。

(5)钻床转速的选择:

高速钢钻头:①钻铸铁件,$v = 14 \sim 22m/min$;②钻钢件,$v = 16 \sim 24m/min$;③钻青铜或黄铜,$v = 30 \sim 60m/min$。

(6)钻孔时的切削液:

作用:使钻头散热冷却,减少钻削时钻头与工件、切屑之间的摩擦,以及消除粘浮在钻头和工件表面上的积屑瘤,从而降低切削抗力,提高钻头寿命及改善加工孔表面的质量。

钻钢件用 3%～5%的乳化液;钻铸铁件可不加或用 5%～8%的乳化液连续加注。

2. 编制加工工艺及步骤

步骤一:依图样划线,确定孔的位置。

步骤二:装夹工件和钻头并选好转速。

步骤三:起钻校正孔位置是否正确。(特别提示:钻孔时,先使钻头对准孔中心钻出一浅坑,使浅坑与划线圆同轴。)

步骤四:正常钻削。(特别提示:手动进给压力均匀不要使钻头产生弯曲现象。要加切削液。孔将钻穿时,进给力必须减少,防止进给量突然增大造成事故。)

3. 注意事项

(1)操作钻床时,不许戴手套,袖口须扎紧,女工及长发者须戴工作帽。

(2)工件必须夹紧,孔将钻穿时,要尽量减少进给量。

(3)开动钻床前,应检查是否有钻夹头钥匙或斜铁插在钻轴上。

(4)钻孔时,不可用手用嘴或用棉纱吹清除切屑,必须用毛刷清除。钻出长条切屑时,要用钩子钩断后除去。

(5)操作者的头部不准与旋转着的主轴靠得太近。停车时应让主轴自然停止,不可用手去刹住,也不准反转制动。

(6)严禁开车状态下装卸工件,检查工件和主轴变速必须在停车状况下进行。

(7)加注润滑油时,必须切断电源。

4. 成绩评定表

序号	考核要求	配分	评分标准	实测结果	得分
1	15 ± 0.1(2 处)	8	超差 0.05mm 以上不得分		
2	30 ± 0.1(2 处)	8	超差 0.05mm 以上不得分		
3	45 ± 0.1(2 处)	8	超差 0.05mm 以上不得分		
4	60 ± 0.1(2 处)	8	超差 0.05mm 以上不得分		
5	75 ± 0.05	7	超差 0.02mm 以上不得分		
6	60 ± 0.05	7	超差 0.02mm 以上不得分		
7	40 ± 0.1(4 处)	12	超差 0.05mm 以上不得分		
8	20 ± 0.1(4 处)	12	超差 0.05mm 以上不得分		
9	$Ra12.5$(8 处)	8	升高一级不得分		
10	$Ra3.2$(4 处)	4	升高一级不得分		
11	$8-\phi8$(8 处)	8	目测		
12	安全文明生产	10	看情节轻重着重扣分		

项目二十六：锪孔

一、工件名称：长方铁

二、实习工件图

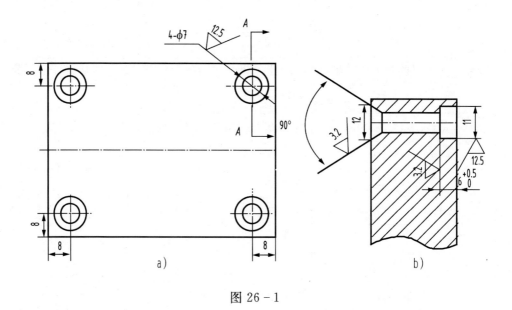

图 26 - 1

三、实训目标及要求

1. 掌握锪孔的操作方法及检验方法。

2. 锪孔的作用和种类。

四、课前准备

1. 量具：游标卡尺、圆锥形沉孔锪钻、倒角钻、螺钉。

2. 备料：长方铁（HT150）。

五、新课指导

1. 分析工件图、讲解相关工艺

（1）锪孔：用锪孔刀具在孔口表面加工出一定形状的孔或表面。

目的：保证孔端面与孔中心线的垂直度，以便于孔连接的零件位置正确，连接可靠。

（2）锪钻种类：①柱形锪钻；②锥形锪钻；③端面锪钻。

特别提示：锪钻是标准刀具，当没有标准锪钻时，也可用麻花钻改制。

（3）锪锥形埋头孔：

加工要求：锥角和最大直径（或深度）要符合图样要求（一般在埋头螺钉装入后，应低于工件平面约 0.5mm），加工表面无振痕。

（4）用锥形锪钻、用麻花钻刃磨改制。

（5）麻花钻锪锥形孔时，其顶角 2φ 应与锥孔锥角一致，两切削刃要磨得对称。

2. 编制加工工艺及步骤

步骤一：用麻花钻练习刃磨 90°锥形锪钻。

步骤二：完成锪实习件 90°锥形埋头孔钻头（用 ϕ12mm 钻头）的刃磨，达到使用要求。

步骤三：在实习件上完成钻孔、锪孔加工。

加工步骤如下：

（1）按图样尺寸划线。

（2）钻 4—ϕ7mm 孔，然后锪 90°锥形埋头孔，深度按图样要求，并用

M6 螺钉作试配检查。

（3）用专用柱形锪钻在实习件的另一面锪出 4—φ11mm 柱形埋头孔，深度按图样要求，并用 M6 内六角螺钉作试配检查。

3. 注意事项

（1）尽量选用比较短的钻头来改磨锪钻，且刃磨时要保证两切削刃高低一致、角度对称，同时，在砂轮上修磨后再用油石修光，使切削均匀平稳，减少加工时的振动。

（2）要先调整好攻坚的螺栓通孔与锪钻的同轴度，再作工件的夹紧。调整时，可旋转主轴作试钻，使工件能自然定位，工件夹紧要稳固，以减少振动。

（3）锪孔时的切削速度应比钻孔低，一般为钻孔切削速度的 1/2～1/3，同时，由于锪钻的轴向力较小，所以手进给压力不宜过大，并要均匀。

（4）当锪孔表面出现多角形振纹等情况，应立即停止加工，并找出钻头刃磨等问题并及时修正。

（5）为控制锪孔深度，在锪孔前可对钻床主轴的进给深度用钻床上的深度标尺和定位螺母调整定位。

（6）锪钢件时，要在锪削表面加切削液，在导柱表面加润滑油。

4. 成绩评定表

序号	项目	配分	评分标准	实测结果	得分
1	4—φ11	20	超差不得分		
2	4—φ7	20	超差不得分		
3	深度 60＋0.5（4 处）	16	超差不得分		
4	90°锪孔（4 处）	16	超差不得分		
5	Ra12.5（4 处）	8	升高一级不得分		
6	Ra3.2	10	升高一级不得分		
7	安全文明生产	10	违者不得分		

项目二十七:扩孔加工

一、实训目标及要求

1. 掌握扩孔加工的操作方法及特点。
2. 了解扩孔钻的结构特点。

二、课前准备

工量具:游标卡尺、扩孔钻。

三、新课指导

1. 讲解相关工艺

(1)扩孔:用扩孔钻对已有孔进行扩大加工。

(2)扩孔深度 $a_p = D - d/2$(mm)。

(3)扩孔加工的特点:

① 切削深度 a_p 较钻孔大大减少,切削阻力小,切削条件大大改善。

② 避免了横刃切削所引起的不良影响。

③ 产生切屑体积小,排屑容易。

(4)扩孔钻地结构特点:

① 因结构不切削,没有横刃,切削刃制作成靠边缘的一段。

② 因扩孔产生切屑体积小,不需大容屑槽,从而扩孔钻可以加粗钻

芯,提高刚度,使切削平稳。

③ 由于容屑槽较小,扩孔钻可做出较多刀齿,增强导向作用。一般整体式扩孔钻有 3~4 个齿。

④ 因切削深度较小,切削角度可取较大值,使切削省力。

(5)扩孔质量比钻孔高,一般尺寸精度可达 IT10~IT9。表面粗糙度可达 $Ra25~6.3$,常作为空的半精加工及铰孔前的预加工。扩孔时的进给量为钻孔的 1.5~2 倍,切削速度为钻孔的 1/2。扩孔前的钻削直径为孔径的 0.5~0.7 倍。

(6)一般用麻花钻代替扩孔钻用,扩孔钻多用于成批大量生产。

2. 注意事项

(1)钻孔后,在不改变攻坚和机床主轴相互位置的情况下,立即换上扩孔钻进行扩孔。这样可使钻头与孔钻的中心重合,使切削均匀平稳保证加工质量。

(2)扩孔前先用镗刀镗出一段直径与孔钻相同的导向孔,这样可使扩钻在一开始就有较好的导向,而不致随原就不正确的孔偏斜。

(3)采用钻套引导进行扩孔。

项目二十八:铰孔

一、工件名称:铰孔板

二、生产实习图

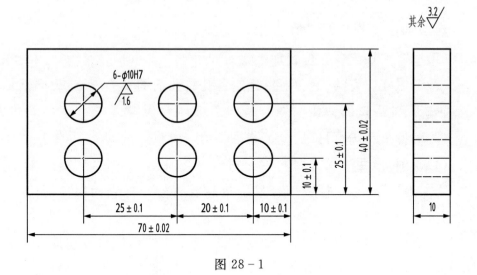

图 28 - 1

三、实训目标及要求

1. 了解铰刀的种类和应用。

2. 掌握铰孔方法。

3. 熟悉铰削用量和切削液的选择。

4. 了解铰刀损坏原因及防止方法。

5. 了解铰孔产生质量问题的原因及防止方法。

四、课前准备

1. 工夹量具的准备：锉刀一组、常用划线工具、手锯、高度游标卡尺、游标卡尺、万能角度尺、90°角尺、千分尺(0～25mm，25～50mm，50～75mm)刀口尺、塞规、塞尺、检验棒、V型架、直柄麻花钻、手用圆柱铰刀、铰杠。

2. 检查毛坯：检查毛坯是否符合要求，检查各项行位精度是否符合要求，去除尖角，毛刺。

五、新课指导

1. 分析工件图讲解相关工艺

(1)按要求划出各孔位置加工线。

(2)考虑好应有的铰孔余量，选定各孔铰孔前的钻头规格，刃磨试钻得到正确尺寸后按图钻孔。

(3)对各个孔进行打底孔，扩孔，并对其孔口进行 0.5×45°倒角。

(4)铰削时，两手用力要均匀，平稳，不得有侧压，同时适当加压，使铰刀均匀地进给，以保证铰刀正确引进和获得较小的表面粗糙度值，并避免孔口成喇叭形或将孔径扩大。

(5)退出铰刀时，铰刀均不能反转，以防止刃口磨钝以及切屑嵌入刀具后面与孔壁间，将孔壁划伤。

(6)铰削时必须选用适当的切削液来减少摩擦并降低刀具和工件的温度。

(7)铰各圆柱孔，用塞规检验，达到正确的表面粗糙度要求

2. 编制加工工艺及步骤

步骤一：备料 70mm×40mm×10mm 一块。

步骤二：做外形尺寸，并达到尺寸偏差要求。

步骤三：划线（15、40、10、10、25）。

步骤四：钻孔（φ5）、扩孔（6—φ8）、扩孔（6—φ9.8）。

步骤五：孔口两端均倒角 6—φ12。

步骤六：铰孔 6—φ10H7　同时加注切削液。

步骤七：修整工件，去毛刺，打号，交件。

3. 注意事项

（1）铰孔时注意铰刀要放正。

（2）铰孔时遇硬点不能硬铰。

（3）退铰时不能倒转。每次停留位置不能在同一位置上。

（4）注意加切削液，提高其孔的表面粗糙度值。

（5）铰刀是精加工工具，要保护好刃口，以免碰撞，刀具上如有毛刺或切屑黏附，可用油石小心地磨去。

（6）铰刀排屑功能差，须经常取出切屑，以免铰刀被卡住。

4. 成绩评定表

序号	考核要求	配分	评分标准	实测结果	得分
1	75±0.03	9	超差 0.02mm 以上不得分		
2	70±0.03	9	超差 0.02mm 以上不得分		
3	45±0.03（2 处）	14	超差 0.02mm 以上不得分		
4	30±0.03	9	超差 0.02mm 以上不得分		
5	⊥ 0.03 A（3 处）	18	超差 0.02mm 以上不得分		
6	= 0.05 B	8	超差 0.02mm 以上不得分		
7	⊥ 0.03 C	7	超差 0.02mm 以上不得分		
8	3.2/（8 处）	16	升高一级不得分		
9	安全文明生产	10	视情节轻重扣分		

项目二十九:攻螺纹

一、工件名称:长方体

二、实习工件图

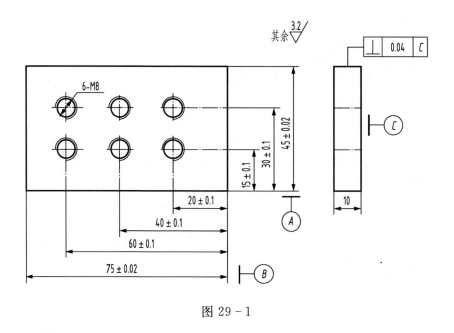

图 29 - 1

三、实习目标及要求

1. 掌握攻螺纹底孔直径的确定方法。

2. 掌握攻螺纹方法。

3. 熟悉丝锥折断和攻螺纹中常见问题的产生原因和防止方法。

4. 提高钻头的刃磨技能。

四、课前准备

铰杠、台虎钳、游标高度尺高标 90°角尺、丝锥、刀口尺、卡尺、千分尺、钻头、大板锉、中板锉、什锦锉、样冲、锤子、钢印号、划针、划规、材料 HT200。

五、新课指导

1. 分析工件图讲解相关工艺

(1)划线,打底孔,倒角。

(2)工件的装夹位置应尽量使螺纹孔中心线置于垂直或水平位置,使攻螺纹时易于判断丝锥是否垂直于工件平面。

(3)起攻时,丝锥要放正。检查要在丝锥的前后、左右方向上进行。

(4)为了起攻时丝锥保持正确的位置,可在丝锥上旋上同样直径的螺母,或将丝锥按正确的位置切入到工件孔中。

(5)攻螺纹时,铰杠转 1/2～1 圈,要倒转 1/4～1/2 圈,使切屑断碎后容易排除,避免因切屑阻塞而使丝锥卡死。

注意:攻不通孔时,要经常退出丝锥,清除孔内的切屑,以免丝锥折断或被卡住。当工件不便倒向时,可用磁性棒吸出切屑。

2. 编制加工工艺及步骤

步骤一:划线,打底孔。

步骤二:在螺纹底孔的孔口倒角。通孔螺纹两端均倒角。倒角处直径可稍大于螺纹孔大径。

步骤三:将丝锥安装在铰杠上,然后垂直插入到工件孔中。

步骤四:用头锥起攻。起攻时,要把丝锥放正,可一手用手掌按住铰杠中部,沿丝锥轴线用力加压,另一手配合做顺向旋进,或两手握住铰杠两端均匀施加压力,并将丝锥顺向旋进。应保持丝锥中心线与孔中心线重合,不得歪斜。当丝锥切入 1~2 圈后,应及时检查并校正丝锥的位置。

步骤五:当丝锥切入 3~4 圈螺纹时,就不需要在施加压力,而靠丝锥作自然旋进切削。只需转动铰杠即可,应停止对丝锥施加压力,否则螺纹牙型将被破坏。

步骤六:攻韧性材料的螺纹孔时,要加切削液,以减小切削阻力,减小螺纹孔的表面粗糙度,延长丝锥寿命。

步骤七:检验全部尺寸,去毛刺。

步骤八:打钢印号,交件。

3. 注意事项

(1)攻钢件加机油,攻铸铁件加煤油,螺纹质量要求较高时加工业植物油。

(2)攻螺纹时,必须以头锥、二锥、三锥的顺序攻削至标准尺寸。

(3)在较硬材料攻螺纹时,可用各丝锥轮换交替进行,以减小切削刃部的负荷,防止丝锥折断。

(4)丝锥退出时,先用铰杠平稳反向转动,当能用手旋进丝锥时,停止使用铰杠防止铰杠带动丝锥退出,从而产生摇摆、振动并损坏螺纹表面粗糙度。

(5)当丝锥的切削部分磨损时,可以修磨其后刀面。修磨时要注意保持各刃瓣的半锥角 φ 及切削部分长度的准确性和一致性。转动丝锥时,不要使另一刃瓣的刀齿碰到砂轮而磨坏。

(6)当丝锥校准部分磨损时,可用棱角修圆的片状砂轮修磨前刀面,并控制好前角的大小。

4. 成绩评定表

序号	项目	配分	评分标准	检测结果	得分
1	75±0.02	8	超差不得分		
2	45±0.02	8	超差不得分		
3	20±0.1(2处)	10	超差不得分		
4	40±0.1(2处)	10	超差不得分		
5	60±0.1(2处)	10	超差不得分		
6	15±0.1(3处)	12	超差不得分		
7	30±0.1(3处)	12	超差不得分		
8	⊥ 0.04 C	6	超差不得分		
9	6—M8	6	超差不得分		
10	$Ra3.2$	8	每升高一级不得分		
11	安全文明生产	10	违者不得分		

项目三十:套螺纹

一、工件名称:双头螺柱

二、实习工件图

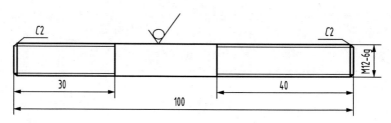

技术要求:
1. 螺纹不应有乱扣、滑牙。
2. M12与螺杆倾斜度不大于1/50。
3. 螺纹加工的表面粗糙度为Ra不大于12.5μm。

图 30 - 1

三、实习目标及要求

1. 掌握套螺纹圆杆直径的确定方法。

2. 掌握套螺纹方法。

3. 熟悉套螺纹中常见问题的原因和防止方法。

4. 提高钻头的刃磨技能。

四、课前准备

设备、工具:台虎钳、大板锉、中板锉、什锦锉、刀口尺、90°角尺、台钻、软钳口、钻头、千分尺、铰杠、板牙、样冲、钢印号、锤子、划针、划规、材料 45 钢。

五、新课指导

1. 分析工件图讲解相关工艺

(1)套螺纹切削过程中也有挤压作用,因此,圆杆直径要小于螺纹大径,可用计算式确定。

(2)板牙起套时容易切入工件并作正确的引导,圆杆端部要倒角一倒成锥半角为 15°～20°的锥体。其倒角的最小半径,可略小于螺纹小径,避免螺纹端部出现锋口和卷边。

(3)套螺纹时的切削力矩较大,且工件都为圆杆,一般要用 V 形块或厚铜衬作衬垫,才能保证可靠夹紧。

(4)套螺纹过程中,板牙要时常倒转一下进行断屑。在钢件上时要加切削液, 一般可用机油或较浓的乳化液,要求高时可用工业植物油。

2. 编制加工工艺及步骤

步骤一:划线,打底孔,倒角。

步骤二:将工件装加在台虎钳上,要求孔口轴线与钳口平齐。

步骤三:将圆杆端部倒成锥半角为 15°。

步骤四:起套时,要使板牙的端面与圆杆垂直,要在转动板牙时施加轴向压力,转动要慢,压力要大。当板牙切入材料 2～3 圈时,要及时检查并校正螺牙端面与圆杆是否垂直,否则切出的螺纹牙型一面深一面浅,甚至出现乱牙。

步骤五:进入正常套螺纹状态时,不要再加压,让板牙自然引进,以免损坏螺纹和板牙,并要经常倒转断屑。

步骤六:套螺纹时加较浓的乳化液或机械油。

步骤七:检验全部尺寸,去毛刺。

步骤八:打钢印号,交件。

3. 注意事项

(1)起套时,要从两个方向对垂直度进行及时校正,以保证套螺纹质量。

(2)套螺纹时要控制两手用力均匀和掌握用力限度,防止孔口乱牙。

(3)套螺纹后螺纹口要倒角去毛刺,以免影响测量精度。

(4)套螺纹时要倒转断屑和清屑。

(5)做到安全文明操作。

4. 成绩评定表

序号	考核要求	配分	评分标准	实测结果	得分
1	M12—6g	30	超差不得分		
2	Ra12.5	20	升高一级不得分		
3	螺纹不应有乱扣、滑牙	20	超差不得分		
4	套螺纹方法要正确	20	超差不得分		
5	安全文明生产	10	视情节轻重着重扣分		

项目三十一:凹件锉削

一、工件名称:E字块

二、实习工件图

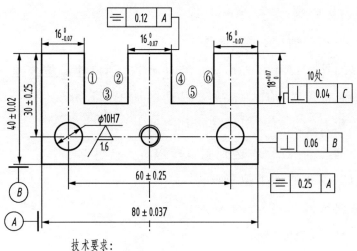

技术要求:

　　1.锉削纹理方向应尽量一致。

　　2.基准面不准锤击打压。

　　3.掌握好加工的先后顺序。

　　4.◆为打标记处。

图 31-1

三、实训目标及要求

1.掌握多凸台对称工件的加工方法。

2. 进一步熟练掌握锉削基本动作要领。

3. 掌握对称工件的加工先后顺序。

4. 掌握铰孔的操作要领。

四、课前准备

工量具清单:高度游标卡尺、游标卡尺、深度游标卡尺、千分尺、90°刀口角尺、塞尺、塞规、尺规、钻头、手用直铰刀、铰杠、锯工、锯条、锤子、样冲、划针、划规、三角锉、软钳口、锉刀刷。

五、新课指导

1. 分析工件图、讲解相关工艺

(1)检查坯料情况,作必要修整。

(2)锉削外形尺寸 80mm±0.037mm,达到尺寸形位公差。

(3)按对称形体划出方法划出凸台各加工面尺寸线。

(4)钻孔去除余料并粗锉接近加工线。

(5)分别锉削三凸台,达到图纸要求。

(6)划出铰孔的加工位置线。

(7)钻、扩、铰孔。

(8)去毛刺,全面复查。

2. 编制加工工艺及步骤

步骤一:备料 80.5mm×40mm×10mm 一块。

步骤二:修整基准面,达到图样技术要求。

步骤三:依图样要求进行划线。

步骤四:打排料孔去除多余部分,粗锉各面至接近线条处。

步骤五:做左侧部分。

步骤六:锉削①面保证尺寸 $16_{-0.07}^{\ 0}$,锉削②面保证尺寸 $18_{-0.07}^{\ 0}$,锉

削③面保证尺寸 48 并与该两面相垂直。

步骤七:做右侧部分。

锉削④面保尺寸 $16_{-0.07}^{0}$,对称度 0.12,锉削⑤面保尺寸 $18_{0}^{+0.07}$ 并与④面相垂直,锉削⑥面保尺寸 $16_{-0.07}^{0}$,并与⑤面相垂直。

步骤八:钻、扩、铰孔。

步骤九:检验全部尺寸,去毛刺。

步骤十:打号,交件。

3. 注意事项

(1)锉削中间凸台应根据 80mm 实际尺寸,通过控制左右与外形尺寸误差值来保证对称。

(2)钻孔时工件夹持应牢固。

(3)铰孔时注意加切削液。

4. 评分标准

项目	序号	考核要求	配分	评分标准	实测结果	得分
锉削	1	80 ± 0.037	4	超差 0.03 以上不得分		
	2	$16_{-0.07}^{0}$(3 处)	5×3	超差不得分		
	3	$18_{0}^{+0.07}$(2 处)	5×2	超差不得分		
	4	$\phi10H7$(2 处)	5×2	超差不得分		
	5	⬌ 0.12 A	8			
	6	⊥ 0.06 B	4			
	7	⊥ 0.04 C (10 处)	1.5×10	超差不得分		
	8	$Ra3.2$(10 处)	1×10			

（续表）

项目	序号	考核要求	配分	评分标准	实测结果	得分
铰孔	9	2—ϕ10H7	2×2			
	10	30±0.25	4	超差 0.02 以上不得分		
	11	60±0.25	6	超差 0.02 以上不得分		
	12	▤ 0.2 A	6			
	13	Ra1.6(2 处)	2×2			
其他	14	安全文明生产	违者视情节轻重扣 1~2 分			

项目三十二:钻、锪、铰孔及攻螺纹综合练习

一、工件名称:导向块

二、实习工件图

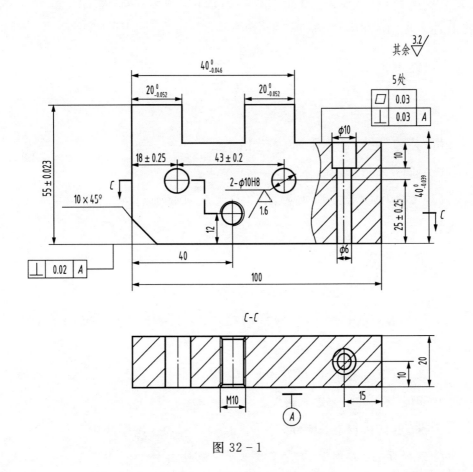

图 32-1

三、实训目标及要求

1. 掌握在钢件上进行钻、锪、铰孔及攻螺纹。

2. 熟练掌握钻头的刃磨技能。

3. 按划线钻孔能达到一定的位置精度要求。

4. 达到加工表面粗糙度要求,孔口倒角正确,加工表面无损伤。

四、课前准备

(1)备料:材料 HT150 钢,规格 100×55×20。

(2)设备:划线平台、方箱、钻床、台虎钳、钻头、铰刀、铰杠、丝锥。高度游标卡尺、游标卡尺、塞规、千分尺、90°刀口直尺、万能角度尺。

五、新课指导

1. 分析工件图、讲解相关工艺

(1)公差等级:锉削 IT8 铰孔 IT8。

(2)时间定额:240 分钟。

(3)本件主要考核学生锉削的方法和孔的加工及利用钻孔排料的方法。

2. 操作步骤

步骤一:检验毛坯,了解毛坯误差与加工余量。清理(毛刺、油污)、检验形位精度、尺寸精度、检验表面粗糙度及其他缺陷。毛坯必须达到备料规定的各项技术要求。

步骤二:按图样保证尺寸 55 ± 0.023 锯掉右直角保证尺寸 $65_{-0.046}^{0}$ 及尺寸 $40_{-0.039}^{0}$ 和垂直度平面度。

步骤三:钻排料孔凹形部分保证尺寸 $20_{-0.052}^{0}$ 和尺寸 $40_{-0.039}^{0}$。

特别提示:钻排料孔余量不要太大,先钻排料孔再锯削。

(1)涂料、划线、检查、钻排料孔、分割、去除毛刺。

(2)按图样要求划线。

(3)钻排料孔。

(4)锯削,去除余料。

步骤四:钻孔、铰孔、锪孔、攻螺纹。

钻 $\phi6mm$ 的孔锪 $\phi10mm$ 的沉头孔;钻 $\phi9.7mm$ 的孔铰 $\phi10mm$ 的孔;钻 $\phi8.4mm$ 的孔用 $\phi11mm$ 的钻头两面倒角攻螺纹 M10。

步骤五:检查,修整,打字,交件。

3. 注意事项

(1)本件厚度较大,平面度及相对基准面的垂直度精度越高越好。

(2)钻排料孔余量越少越好。

(3)铰孔时选好合适润滑液及底孔钻头。

(4)攻螺纹前选好底孔钻头。

(5)锪孔时选好进给量。

4. 成绩评定表

序号	检测内容	配分	评分标准	实测结果	得分
1	55 ± 0.023	6	超差 0.02 以上不得分		
2	⊥ 0.02 A	6	超差不得分		
3	$65_{-0.040}^{0}$	5	超差 0.02 以上不得分		
4	$20_{-0.052}^{0}$(2 处)	6×2	超差 0.02 以上不得分		
5	$40_{-0.034}^{0}$(2 处)	6×2	超差 0.02 以上不得分		
6	▱ 0.03 (5 处)	2×5	超差不得分		
7	⊥ 0.03 A (5 处)	2×5	超差不得分		
8	$Ra3.2$(6 处)	1×6	超差不得分		

（续表）

序号	检测内容	配分	评分标准	实测结果	得分
9	2—ϕ8H8 Ra1.6	2×2	超差不得分		
10	18±0.25	3	超差 0.05 以上不得分		
11	25±0.25	3	超差 0.05 以上不得分		
12	43±0.2	5	超差 0.05 以上不得分		
13	Ra1.6(2 处)	1×2	超差不得分		
14	M10—7H	5	超差不得分		
15	15±0.1	6	超差 0.05 以上不得分		
16	安全文明生产	违者视情节轻重扣 1~10 分			

项目三十三:钻、锪、铰、攻螺纹的综合练习

一、工件名称:综合练习

二、实习工件图

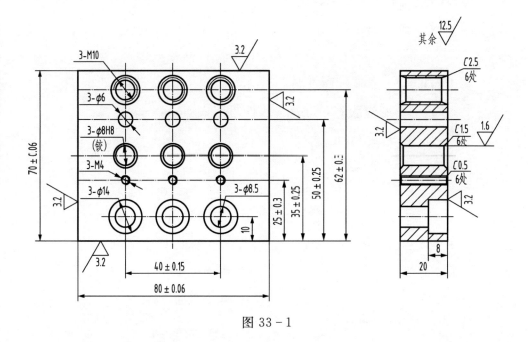

图 33 - 1

三、实训目标及要求

1. 巩固钻孔、扩孔、铰孔、攻螺纹等基本技能。

2. 提高钻头刃磨技能。

3. 按划线钻孔能达到一定的位置精度要求。

四、课前准备

(1)工量刃具:划规、样冲、板锉、丝锥(M4、M10)、铰杠、麻花钻(ϕ3.3mm、ϕ6.7mm、ϕ7.8mm、ϕ8.5mm、ϕ14mm、ϕ8mm 手用铰刀、钢直尺、游标卡尺、游标高度尺。

(2)材料:HT200(规格为 81mm×71mm×20mm)。

五、新课指导

1. 分析工件图、讲解相关工艺

(1)攻螺纹前底孔直径的确定

加工铸铁和较脆性材料:

$$D_{钻}=D-(1.05\sim1.1)P$$

式中:$D_{钻}$——攻螺纹底孔直径(mm);

D——螺纹大径(mm)

P——螺距(mm)

加工 M4 的螺纹底孔 $D_{钻}=D-(1.05\sim1.1)P$
$$=4-(1.05\sim1.1)\times0.7$$
$$=3.265mm 取 3.3mm$$

加工 M10 的螺纹底孔 $D_{钻}=D-(1.05\sim1.1)P$
$$=10-(1.05\sim1.1)\times1.5$$
$$=8.425mm 取 8.5mm$$

(2)铰孔前孔径的确定

ϕ8H8 的底孔通过查表为 ϕ7.8mm。

2. 编制加工工艺及步骤

步骤一:加工毛坯件基准,锉削外形尺寸,达到图样要求(80±0.06)

mm×(70±0.06)mm×20mm 尺寸。

步骤二：按图样要求划出各孔的加工线。

步骤三：完成本训练所用钻头的刃磨，并试钻，达到切削角度要求。

步骤四：平口钳装夹工件，按划线钻 3—φ6mm 孔、3—φ3.3mm 孔、3—φ7.8mm 孔、6—φ8.5mm 孔，达到位置精度要求。

步骤五：在 3—φ3.3mm 孔口倒角，分别在 3—φ7.8mm 和第一排 3—φ8.5mm 的孔口锪 45°锥形埋头孔，深度按图样要求。在第五排 3—φ8.5mm 的孔口用柱形锪钻锪出 φ14mm、深 8mm 沉孔。

步骤六：攻制 3—M4、3—M10 螺纹，达到垂直度要求。

步骤七：铰削 3—φ8H8 的孔，达到垂直度要求。

步骤八：去毛刺，复检。

3. 注意事项

(1)划线后在各孔中心处打样冲眼，落点要准确。

(2)用小钻头钻孔，进给力不能太大以免钻头弯曲或折断。

(3)钻头起钻定中心时，平口钳可不固定，待起钻浅坑位置后再压紧，并保证落钻时钻头无弯曲现象。

(4)起攻时，两手压力均匀。攻入 2～3 齿后，要矫正垂直度。正常攻制后，每攻入一圈要反转半圈，牙型要攻制完整。

(5)做到安全文明生产操作。

4. 评分标准

工件号		工位号		姓名			总得分	
项目	质量检测内容		配分		评分标准		实测结果	得分
锉削	80±0.06mm		10 分		超差不得分			
	70±0.06mm		10 分		超差不得分			
	表面粗糙度 $Ra3.2\mu m$		6 分		升高一级不得分			

（续表）

工件号		工位号		姓名		总得分	
项目	质量检测内容		配分	评分标准		实测结果	得分
钻锪铰攻螺纹	62±0.3mm		8分	超差不得分			
	50±0.25mm		8分	超差不得分			
	35±0.25mm		8分	超差不得分			
	25±0.30mm		5分	超差不得分			
	40±0.15mm		9分	超差不得分			
	3—ϕ8H8		3分	超差不得分			
	3—M4		3分	超差不得分			
	3—M10		3分	超差不得分			
	3—ϕ14mm		3分	超差不得分			
	3—ϕ8.5mm		3分	超差不得分			
	表面粗糙度 Ra1.6μm		3分	升高一级不得分			
	倒角		9分	不加工不得分			
	安全文明生产		9分	违者不得分			
现场记录							

项目三十四:制作工艺锤

一、工件名称:工艺锤

二、实习工件图

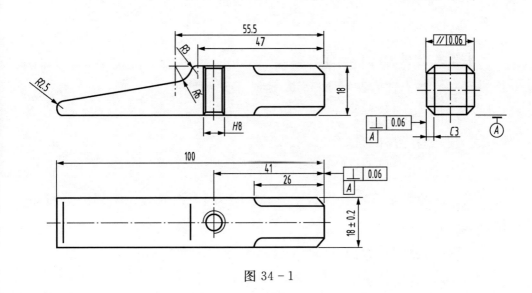

图 34－1

三、实训目标及要求

1. 掌握立体工件的划线,正确使用立体划线工具。

2. 正确使用和保养量具。

3. 掌握立体工件的加工和测量方法。

4. 熟练锉、锯、钻、攻的技能,并达到一定的加工精度要求。

四、课前准备

1. 设备:台虎钳、钳台、钻床、划线平板、方箱。

2. 工具、量具、刀具:平台、高度游标卡尺、游标卡尺、划针、划规、钢直尺、样冲、直角铁、直角尺、榔头、锯弓、锯条、平锉、锉刀刷、毛刷、7.5mm 钻头、8mm 丝锥、铰杠、台钻、机油枪。

3. 材料:45 钢(尺寸 $\phi 26 \times 102$mm)。

五、新课指导

1. 操作步骤

窗体顶端

步骤一:锯长方体,毛坯直径 $d = 26$mm。

(1)以(26−18)/2=4 调高度,游标卡尺划线。

(2)留有锉削余量。

(3)起锯在线外起锯。

(4)加工顺序:锯第一表面;加工第二表面的对面并保持平行;加工第三表面的相邻垂直面并保持垂直;加工第四表面的另一相邻垂直面并保持垂直。

步骤二:锉削长方体,规格:18mm×18mm×100mm。

(1)先锉好第 1 表面,达到平面度要求。

(2)以第一表面为基准,锉第 2 表面,达到尺寸公差 18±0.1、平面度 0.06,与基准面平行。

(3)以第一表面为基准,锉第 3 表面,平面度 0.06,与基准面垂直度 0.08。

(4)以第一表面为基准,锉第 4 表面,平面度 0.06,与基准面垂直度

0.08,与对面平行。

(5)最后锉端面,平面度0.06,与基准面垂直度0.08,锉纹整齐美观。

步骤三:划线与斜面加工

(1)分析图纸,找出划线基准。以一锉削长基准面、小端面和孔对称中心线为划线基准。

(2)准备好划线工具,按图划线。

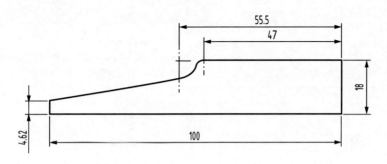

图 34 - 2

(3)锯削:按划线用手锯锯去多余部分,放锉削余量。

(4)内外曲面锉削锉削:加工 $R3$,$R6$ 和 $R2.5$。

步骤四:螺孔的加工

(1)螺孔划线:螺孔位置划线。

(2)锉削:加工四个倒角 C3。

(3)钻孔:钻底孔,锪孔。

(4)攻螺纹、抛光:攻螺纹 8mm;最后用砂布抛光。

2. 评分标准

序号	考核内容	考核要求	配分	评分标准	检测结果	扣分	得分
1	锯锉削	100mm	5	超差 0.05 不得分			
2		18±0.02mm	5	超差 0.02 不得分			

（续表）

序号	考核内容	考核要求	配分	评分标准	检测结果	扣分	得分
3	锯锉削	$R3$ 内外圆弧	5	超差不得分			
4		斜面	10	超差不得分			
5		倒角	5	超差不得分			
6		⊥ 0.05 A（2处）	10	超差不得分			
7		// 0.05	10	超差不得分			
8		表面粗糙度 $Ra3.2\mu m$	15	升高一级不得分			
9	钻孔	41	5	超差不得分			
10	攻螺纹	M10—H7	10	不符合要求不得分			
11	工时定额 12 小时		10	超 20 分钟不得分			
12	安全文明生产		10	违者不得分			

项目三十五:凹凸体锉配

一、工件名称:凹凸体锉配

二、实习工件图

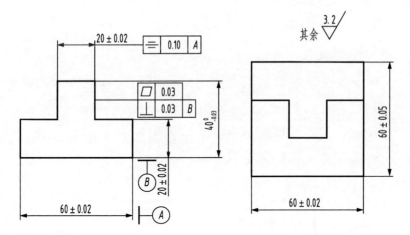

技术要求:
1. 以凸件为基准,凹件配作;
2. 配合间隙≤0.04mm,两侧错位量≤0.06。

图 35 - 1

三、实训目标及要求

1. 掌握具有对称度要求的工件划线。

2. 正确使用和保养千分尺。

3. 初步掌握具有对称度要求的工件加工和测量方法。

4. 熟练锉、锯、钻的技能,并达到一定的加工精度要求,为锉配打下必要的基础。

四、课前准备

1. 设备:台虎钳、钳台、砂轮机、钻床、划线平板、方箱。

2. 工量具:高度尺、钢板尺、卡尺、千分尺(0～25mm)(25～50mm)(50～75mm)刀口尺、刀口角尺、钻头、手锯、板锉(粗、中、细)、方锉、什锦锉。

3. 材料:HT150[尺寸(83±0.1)mm×(61±0.1)mm×8mm]。

五、新课指导

1. 分析工件图、讲解相关工艺

(1)对称度概念

① 对称度误差是指被测表面的对称平面与基准表面的对称平面间的最大偏移距离 △,如图 35－2 所示:

② 对称度公差带是指相对基准中心平面对称配置的两个平行面之间的区域,两平行面距离即为公差值,如图 35－2 所示。

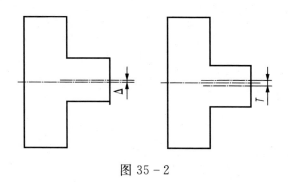

图 35－2

(2)对称度测量方法

测量被测表面与基准表面的尺寸 A 和 B,其差值之半即为对称度误

差值。如图 35 - 3 所示:

(3)对度形体工件的划线

对于平面对称工件的划线,应在形成对称中心平面的两个基准面精加工后进行。划线基准与该两基准面重合,划线尺寸则按两个对称基准平面间的实际尺寸几对称要素的要求尺寸计算得出。

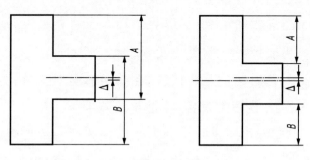

图 35 - 3

2. 加工步骤

步骤一:备料 61×41×8 两块。

步骤二:按图样要求锉削好外轮廓基准面,达到尺寸 60±0.02,40$_{-0.03}^{0}$ 及垂直度和平面度要求。

步骤三:按要求划出凹凸体加工线,并钻工艺孔。

步骤四:加工凸形体。

(1)按划线锯去左上角,粗、细锉两垂直面。保证 20±0.02,40 两尺寸(40 的尺寸尽可能准确,从而保证对称度要求)。

(2)按划线锯去右上角,粗、细锉两垂直面。保证 20±0.02 两处。

步骤五:加工凹形体。

(1)用钻头钻出排孔,并锯除凹形体的多余部分,然后粗锉至接近线条。

(2)细锉凹形体顶端面,保证 20 的尺寸,从而保证达到与凸形件的配合精度要求。

(3)细锉两侧垂直面,通过测量 20 的尺寸,保证凸形体较紧塞入。

（4）精锉各配合面，达到配合精度要求。

步骤六：全部锐边倒角，并检查全部尺寸精度。

3. 注意事项

（1）为了能对 20mm 凸凹形的对称度进行测量控制，60mm 的实际尺寸必须测量准确，并应取各点实测的平均数值。

（2）20mm 凸形体加工时，只能先去掉一垂直角角料，待加工至要求的尺寸公差后，再去掉另一垂直角角料。

（3）为达到配合后转位互换精度，在凸凹形面加工时，必须控制垂直误差（包括与大平面 B 面的垂直）在最小的范围内。

（4）在加工垂直面时，要防止锉刀侧面碰坏另一垂直侧面，因此必须将锉刀一侧在砂轮上进行修磨，并使其与锉刀面夹角略小于 90°（锉内垂直面时），刃磨后最好用油石磨光。

4. 评分标准

序号	考核内容	考核要求	配分	评分标准	检测结果	扣分	得分
1	锉削	20 ± 0.02mm（2 处）	12	超差不得分			
2		$40_{-0.03}^{0}$mm	8	超差不得分			
3		60 ± 0.02mm（2 处）	12	超差不得分			
4		⬚ 0.10 A	6	超差不得分			
5		⬚ 0.03	10	超差不得分			
6		⊥ 0.03 B	10	超差不得分			
7		表面粗糙度 $Ra3.2\mu$m	10	升高一级不得分			
8	锉配	配合间隙≤0.04mm	4×5	超差不得分			
9		错位量≤0.06mm	6	超差不得分			
10		60 ± 0.05mm	6	超差不得分			

项目三十六:双燕尾锉配

一、工件名称:双燕尾锉配

二、实习工件图

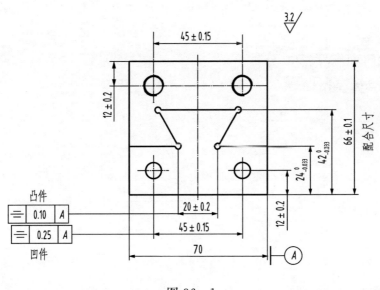

图 36－1

三、实训目标及要求

掌握角度锉配和误差的检查方法。

四、课前准备

1. 设备:台虎钳、钳台、砂轮机、钻床、划线平板、方箱。

2. 工量具:高度尺、钢板尺、卡尺、千分尺(0～25、25～50、50～75)、刀口尺、刀口角尺、划针、样冲、划规、錾子、锤子、M10 丝锥、铰杠、钻头、手锯、板锉(粗、中、细)、方锉、什锦锉。

3. 材料:45 钢(尺寸 88±0.1mm×71±0.1mm×10mm)。

五、新课指导

1. 分析工图,讲解相关工艺

(1)公差等级:锉配 IT8、钻孔 IT11。

(2)形位公差:锉配平面度、垂直度 0.03mm,对称度 0.05,钻孔位置度为 0.1。

(3)时间定额:300 分钟。

2. 具体操作步骤

步骤一:自制 60°角度样板(图 36 - 2)

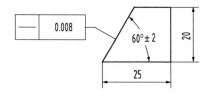

图 36 - 2

步骤二:检查来料尺寸,按图样要求划出燕尾凹凸件加工线。钻 4—ϕ2mm 工艺孔,燕尾凹槽用 ϕ11mm 的钻头钻孔,再锯削分割凹凸燕尾件(图 36 - 3)。

步骤三:加工燕尾凸件(图 36 - 4)。

(1)按划线锯削材料,留有加工余量 0.8～1.2mm。

（2）锉削燕尾槽的一个角，完成 $60°\pm4'$ 及 $24_{-0.033}^{\;\;0}$ mm 尺寸，达到表面粗糙度 $Ra3.2\mu$m 的要求。

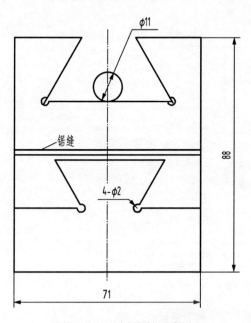

图 36-3　划线钻孔锯削

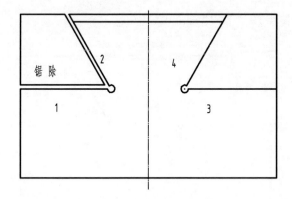

图 36-4　加工燕尾凸件

用百分表测量控制加工面 1 与底面平行度，并用千分尺控制尺寸 24mm。

利用圆柱测量棒间接测量法，控制边角尺寸 M（图 36-5）。

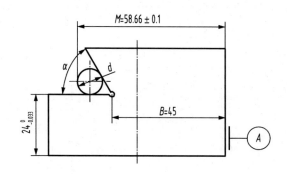

图 36 - 5　测量棒间接测量尺寸

测量尺寸 M 与样板尺寸 B 及圆柱测量棒 d 之间的关系如下：

$$M = B + d/2\cot\alpha/2 + d/2$$

式中，M——测量读数值，mm；

　　　B——图样技术要求尺寸，mm；

　　　d——圆柱测量棒直径，mm；

　　　α——斜面的角度值。

用自制样板测量控制 60°角（图 36 - 6）。

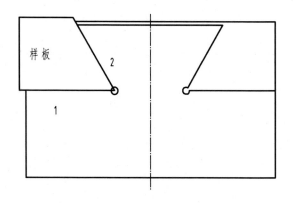

图 36 - 6　用自制样板测量凸件角度

（3）按划线锯削另一侧 60°角，留有加工余量 0.8~1.2mm（图 36 - 7）。

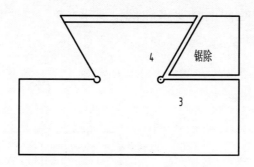

图 36 - 7　锯削另一侧角度

（4）如（图 36 - 8）所示，锉削加工另一侧 60°角面 3 与面 4，完成 60° $\pm 4'$ 及 $24_{-0.033}^{0}$ mm 尺寸，方法同上。

L 的计算方法如下：

已知圆柱测量棒直径　$d = \phi 10$mm，$\alpha = 60°$，$b = 20$（mm）

计算公式　$L = b + d + \cot(\alpha/2) = 20 + 10 + 10 \times \cot 30° = 47.32$（mm）

（5）锉削加工面 5，达到 $42_{-0.033}^{0}$ mm 外形尺寸。

（6）检查各部分尺寸，去掉边棱、毛刺。

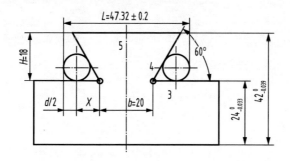

图 36 - 8　锉削另一侧加工面

步骤四：加工燕尾凹件。

如图 36 - 9 所示，锯去燕尾凹槽余料，各面留有加工余量 0.8 ~1.2mm。

按划线锉削面 6、面 7、和面 8，并留有 0.1~0.2mm 修配余量，用凸件与凹件配作,并达到图样要求和换位要求。

用百分表测量控制面 6 与底面平行(图 36-10)。

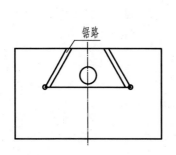

图 36-9　锯削燕尾凹槽

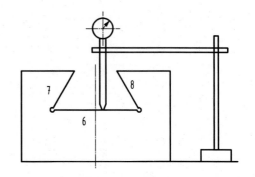

图 36-10　百分表测量平行度

如图所示,用自制 60°样板测量控制内 60°角(图 36-11)。

用圆柱测量棒测量控制尺寸 A(图 36-12)。

内燕尾槽计算方法如下:

已知 $H=18$mm,　$b=20$mm,$\alpha=60°$

计算公式:

$$A = b + 2H/\tan\alpha - (1 + 1/\tan1/2\alpha)d$$

$$= 20 + 36/1.732 - (1 + 1/\tan30°) \times 10$$

$$= 13.47(\text{mm})$$

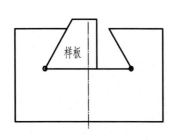

图 36-11　自制样板测量凹件的角度

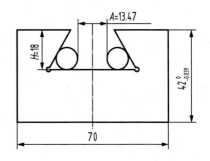

图 36-12　测量棒控制尺寸 A

3）锉削加工凹燕尾外形，达到 $42_{-0.033}^{0}$ mm 尺寸。

步骤五：按划线钻 2—ϕ8mm 的孔，达到孔距要求。再钻 2—ϕ8.5mm 的孔，并用 M10 手用丝锥进行攻螺纹，达到图样要求。

步骤六：复检各尺寸，去毛刺，倒棱。

3. 注意事项

（1）凸件加工中只能先去掉一端 60°角料，待加工至要求后才能去掉另一端 60°角料，便于加工时测量控制。

（2）采用间接测量来达到尺寸要求，必须正确换算和测量。

（3）由于加工面较狭窄，一定要锉平并与大端面垂直，才能达到配合精度。

（4）凹凸件锉配时，一般不再加工凸形面，否则失去精度基准难于进行修配。

4. 评分标准

工件号		工位号		姓名		总得分	
项目	质量检测内容			配分	评分标准	实测结果	得分
成绩评定	锉配	$42_{-0.033}^{0}$ mm（2 处）		12 分	超差不得分		
		$24_{-0.033}^{0}$ mm		8 分	超差不得分		
		68 分 0°±4′（2 处）		8 分	超差不得分		
		20±0.2mm		4 分	超差不得分		
		表面粗糙度 $Ra3.2\mu$m		8 分	升高一级不得分		
		⫪ 0.10 A		4 分	超差不得分		
		配合间隙≤0.04mm（5 处）		20 分	超差不得分		
		错位量≤0.06mm		4 分	超差不得分		

（续表）

成绩评定	工件号		工位号		姓名		总得分	
	项目	质量检测内容			配分	评分标准	实测结果	得分
	钻孔、攻螺纹	2—φ8±0.050mm			2分	超差不得分		
		2—M10			2分	超差不得分		
		12±0.2mm（4处）			4分	超差不得分		
		45±0.15mm（2处）			4分	超差不得分		
		表面粗糙度 Ra6.3μm（4处）			4分	升高一级不得分		
		⟦＝│0.25│A⟧			6分	超差不得分		
	安全文明生产				10分	违者不得分		
	现场记录							